ロボット解体新書
ゼロからわかるAI時代のロボットのしくみと活用

从零解说
智能机器人
结构原理及其应用

（日） 神崎洋治　著
（神崎洋治）

邓阿群　李岚　译

化学工业出版社
·北京·

本书运用漫画图解的方式，讲述了机器人概述、机器人的应用、机器人的基础技术、机器人的控制软件及应用程序、各种各样的机器人、机器人和人工智能的结合等内容。

本书适合对机器人有兴趣的读者阅读。

ROBOT KAITAI-SHINSHO
Copyright © 2017 Yoji Kozaki
All rights reserved.
Original Japanese edition published in 2017 by SB Creative Corp.

This Simplified Chinese edition is published by arrangement with SB Creative Corp.，Tokyo in care of Tuttle-Mori Agency，Inc.，Tokyo through Beijing Kareka Consultation Center，Beijing.

本书中文简体字版由 SB Creative Corp. 授权化学工业出版社独家出版发行。

本版本仅限在中国内地（不包括中国台湾地区和香港、澳门特别行政区）销售，不得销往中国以外的其他地区。未经许可，不得以任何方式复制或抄袭本书的任何部分，违者必究。

北京市版权局著作权合同登记号：01-2018-5802

图书在版编目（CIP）数据

从零解说智能机器人：结构原理及其应用／（日）神崎洋治
著；邓阿群，李岚译. —北京：化学工业出版社，2018.10（2023.2重印）
ISBN 978-7-122-32785-7

Ⅰ.①从… Ⅱ.①神…②邓…③李… Ⅲ.①智能机器人 Ⅳ.①TP242.6

中国版本图书馆CIP数据核字（2018）第176498号

责任编辑：项 潋 王 烨　　　　　　　　文字编辑：陈 喆
责任校对：王素芹　　　　　　　　　　　装帧设计：王晓宇

出版发行：化学工业出版社（北京市东城区青年湖南街13号　邮政编码100011）
印　　装：涿州市般润文化传播有限公司
710mm×1000mm　1/16　印张10½　字数158千字　2023年2月北京第1版第2次印刷

购书咨询：010-64518888　　　　　　　　售后服务：010-64518899
网　　址：http://www.cip.com.cn
凡购买本书，如有缺损质量问题，本社销售中心负责调换。

定　　价：59.80元　　　　　　　　　　　　　版权所有　违者必究

根据2015年1月日本政府发表的《机器人新战略》，2020年机器人市场规模将从现有的6000亿日元增长到24000亿日元。另外，根据日本经济产业省于2013年7月发布的《机器人产业市场动向调查结果》，预计机器人市场规模在2025年将达53000亿日元，2035年将扩大到97000亿日元。增长较为显著的机器人领域除了工厂等自动化业已发展的工业机器人外，服务业领域也有望成为机器人应用活跃的领域。

这也就是说，机器人将比以往更加接近人们的生活，人们在各种各样的场合都能和机器人接触、对话。

智能机器人应具备三大要素：感知（包括看、听）、决策、行动。

其中，感知（传感器技术）和决策［网络云平台及AI(artificial intelligence，人工智能）相关技术］已经取得了长足的进展，正在推动着机器人的普及；行动（驱动和机构相关技术）也取得了显著进展。

那么，我们对走近我们生活的机器人又有多大程度的了解呢？机器人是如何看、听和感受的？是如何思考的？又是通过什么构造来进行动作的？很多人对此一无所知。还有，现在都有一些什么样的机器人在市场上销售？将来机器人又将如何渗透到我们的社会生活中呢？

面对即将真正开始的"AI和机器人"普及的时代，我想写一本涵盖上述内容的书，所以试着执笔写了这本书。

本书有助于培养大家对机器人的兴趣、了解机器人技术现状及未来，希望能够得到大家喜爱！

神崎洋治

第1章

机器人概述

1.1 何为机器人？

听到"机器人"这个词汇，不同的人脑海里浮现出来的画面是不同的，实际上对于"何为机器人"这样一个问题，大家都无法给出一个明确的回答。

首先从形状上来认识一下机器人吧。当听到"机器人"这个词，多数人都会想到有两只手臂、两条腿步行的仿人机器。有人或许会想起电影《终结者》中阿诺德·施瓦辛格饰演的称为"101号终结者"的赛博格杀手。然而仿人机器也并非全部是一样的。现在日本最有名的一种机器人Pepper虽然是人形的，但它的"脚"是球。由此可见，用两条腿步行并非机器人必备的条件。

工业机器人的"机械臂"是模拟人类手臂的，并非人形的；作为机器人的一种，最近特别受关注的"无人机"的外形也和人类相去甚远并且不是类生物的形状；已经开始实用化的可在室内来回移动的警用（监视）机器人也和人类外形不太像（图1-1），但这些都是机器人。

从机器人的结构方面来看，有人把机器人定义为：具有感知（包括看、听）、决策、行动三项技术要素的机械。然而数码照相机或者一部分智能手机等电子设备也具备上述三项技术要素，

图1-1 ALSOK的警用机器人（可自主进行路线巡回实施警务工作）

但很难让人感到它们是机器人，因此这个定义也颇为牵强。

那来看看机器人的词汇起源吧。据说robot一词起源于捷克语的意为"强制劳动"的"robota"，因此也有机器人本质是"代替人类劳动的机械"这一说法。这样，接下来的讨论就是机器人仅限于"自主动作的机械"吗？或者机器人包含"受操作的机器"吗？例如，把进行自主动作的无人机算作机器人，那远程控制的无人机也能称作机器人吗？而且，如果是有人乘坐的无人机，那么它就不是机器人而变成了直升机了吗？如果人乘坐它并且操控它，它就是直升机，那么人乘坐时操作是由计算机自动完成的话它不又变成了机器人无人机了吗？这样的议论非常多。

动画世界里，作为机器人的代表"高达"和"无敌铁金刚"就是人类乘坐并操控的（图1-2）。如果人类乘坐并操控的不算是机器人的话，那么"高达"和"无敌铁金刚"就都不是机器人了。遥控车和遥控直升机是机器人吗？遥控直升机和无人机有哪些不同？诸如此类问题讨论起来将是没有尽头的，因此，我们或许可以让机器人的定义模糊一些。

图1-2 新宿高岛屋"生活和机器人展"的现场照片
说到未来的机器人，就像电影或者动画片中看到的那样，不知为什么人形、具有高智能的形象较多

1.2　机器人的种类

不谈动画或电影世界中的机器人，回到现实生活中，现在机器人大体上分为两大类，一类是前面讲过的已经在工厂等生产线上发挥作用的"工业机器人"；另一类和工业机器人不同，为"非工业机器人"，这类我们称为"服务机器人"。

随着机器人革命的实现，日本经济产业省在其发布的《机器人新战略》中强调了构建形成世界机器人发明据点，形成机器人社会，从而领先世界的机器人新时代战略的重要性。

为什么政府会如此重视机器人呢？培育世界性的产业和技术当然重要，但随着日本少子、人口老龄化的问题日益严重，建立关怀老年人的技术成为当务之急，而且劳动者不足的问题也很严重。解决这些问题的综合对策之一就是利用服务机器人。

但是，说到服务机器人，它的形状和用途也是各种各样的。例如，家庭用机器人中最普及的Roomba等自动清扫机就是一种服务机器人（图1-3）。那么为什么Roomba会被归类为机器人呢？那是因为一方面其生产厂商iRobot公司开发了地雷探测机器人等真正的机器人，另一方面Roomba会探测房间的形状并自动确定路线进行房间清扫。另外，可穿在身上的机器人西服、Pepper和Sota等人形沟通交流用的机器人等也被归类为服务机器人。

图1-3　iRobot公司的自动清扫机Roomba

1.3 工业机器人

虽然时代有所不同，但说到机器人，多数人还是会想到活跃在"铁臂阿童木""铁人28号""人造人009""高达""机器猫"等动画片、特技摄影世界中的人形机器人。如前文所述，机器人实际上并没有能让所有人都能理解的明确定义。

但是，实际上活跃在社会上的机器人基本上都是工业机器人。它们在工厂的生产线中经常用于检查、监控、检验等。用于制造领域的机器人常常要求能够精密、高速，而且无故障、长时间地进行重复性工作。

知名的国外厂商有德国的KUKA、瑞士的ABB。另外，在要求可靠性高、性能优良的工业机器人领域，日本的许多企业也广受欢迎，拥有较大的市场占有率，如安川电机、不二越、发那科（FANUC）、川崎重工业、雅马哈发动机、松下、三菱重工等厂商。

表1-1所示的是国际机器人联盟（IFR）发布的国家或地区工业机器人的运作台数。2000年，日本市场占有率较高，被誉为机器人大国。但是，最近几年美国、德国、中国、韩国等国的市场占有率大大提高。工业机器人的代表性外形是机器臂，因此也常称为机械手。

表1-1 世界工业机器人运行台数 [摘自国际机器人联盟（2014）]

	2014年末	2010年末	2005年末	2000年末
日本	295829	307698	373481	389442
中国大陆	189358	52290	11557	930
印度	11760	4855	1069	70
马来西亚	5730	3677	1695	390
韩国	176833	101080	61576	37988
新加坡	7454	3685	5463	5370
中国台湾	43484	26896	15464	6942
泰国	23893	9635	2472	
澳大利亚/新西兰	8791	7066	4938	2833
美国	219434	149836	85476	89880

续表

	2014年末	2010年末	2005年末	2000年末
加拿大	8180	15760	7596	
墨西哥	9277	7578	2948	
巴西	9557	5721	2672	1230
捷克	9543	4462	1971	915
法国	32233	34495	30236	20674
德国	175768	148256	126294	91184
匈牙利	4302	1406	458	261
意大利	59823	62378	56198	39238
波兰	6401	3321	846	474
俄罗斯	2694	1058	173	5000
斯洛伐克	3891	1870	576	500
斯洛文尼亚	1819	1032	460	363
西班牙	27983	28868	24141	13163
英国	16935	13519	14948	12344
南非	3452	2074	622	90
合计	1480778	1059162	917874	750729

1.4　机器臂及其自由度

工业机器人的代表性外形是机器臂（机械手），如图1-4所示。机器臂多数都是模仿人类手臂，可能是因为这样更让人觉得它能代替人类进行生产作业。然而，机器臂的臂端、手或者手指并不和人类的一样，而是根据用途不同而不同：喷涂机器人是喷雾枪，焊接机器人是焊接机构，物品检查机器人是能抽取不合格品或者从生产线上排除不合格品的机构。

多数高性能机器臂能够高速且正确动作，如果在高速动作的机器臂周围有人，那么，就难以避免诸如机器臂和人相碰撞，或者机器臂的关节夹人的手指等危险情况的发生。因此，在机器臂的周围经常会用栅栏围起来，以防止人的接近，从而防止类似危险情况的发生。但机器人与人互动日益被人们所重视，因此，现在对工业机器人的要求是：即使人接近机器臂或者在机器臂周围走动，也要能确保安全。

在考察机器人性能的时候，"自由度"一词被广泛使用。机器人的自由度用来表征关节处活动程度。人类手臂是7个自由度，分别是：①使用肩关节前后挥动手臂；②抬高扩大腋窝；③上臂扭转；④肘关节的伸缩；⑤小臂的扭转；⑥手腕的内侧弯曲；⑦手腕横竖方向动作。

虽然机器臂是模仿人类手臂制造的，但是其关节的动作却和人类手臂不一样。机器臂中关节称为"轴"，一般来说根据关节的动作方式不同可分为6种（图1-5）。

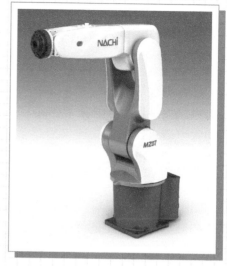

图1-4　世界上速度最快的轻量紧凑型机器臂——不二越的MZ07

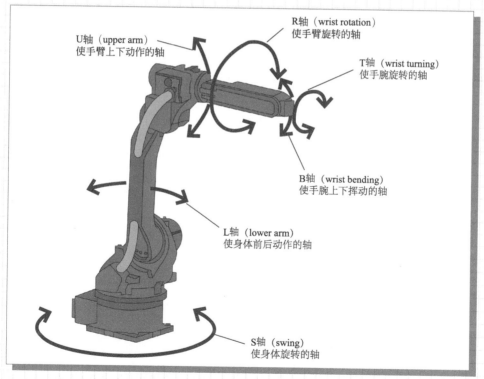

图1-5　机器臂的关节自由度（参考：安川电机http://www.yaskawa.co.jp）

1.5　机器人套件

　　机器人套件又称为可穿戴机器人，是穿在人类身上使用的。例如，在建筑工地等地方，从事重体力作业的劳动者腰上佩戴上机器人套件后，劳动者可通过自然的动作来抬起重物或者搬运重物，不仅能够减轻劳动者腰部的负担，而且还可以通过让年龄相对较大的劳动者或者女性劳动者来参与类似工作以解决劳动力不足的问题。

　　同样，可以通过此类机器人解决在医院照料患者以及养老院里照料客户的服务人员不足的问题；而且，刚从受伤中恢复的人或高龄人员、身体残障人员也可以通过穿戴此类机器人，帮助其进行身体的恢复，辅助其进行自主性步行。

　　机器人套件的代表性产品有CYBERDYNE公司研发的HAL（图1-6）。HAL有医疗用、福利用、重体力作业用等不同用途，它使用了一种称为"生化电子随意控制"的技术。当人要让身体做出某种动作时，这种意识作为神经系统信号通过微弱的离子电流传达给脑、脊髓、运动神经、肌肉，最终让肢体进行相应动作。"生化电子随意控制"就是着眼于这个过程的一种技术。它的原理是通过传感器从皮肤表面检知到产生的微弱生化

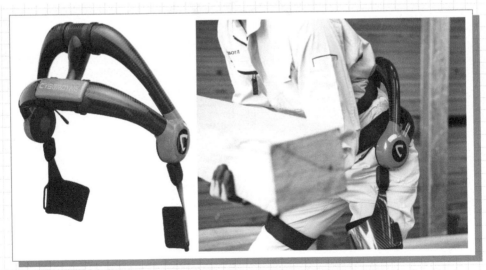

图1-6　CYBERDYNE公司的机器人套件"辅助作业用HAL（腰系列）"

信号，机器人套件便根据穿戴者想做出的动作进行驱动，从而产生辅助性的力量。这个领域称为"生物体机器人"（Cybernics），是由CYBERDYNE公司的创始人兼CEO、筑波大学教授山海嘉之提出的，是融合了脑神经科学、运动生理学、机器人工程学、IT技术、再生医疗、行为科学、伦理、安全、心理学、社会科学等关于人、机器人和信息等方面科学的一个全新的学术领域。

1.6 对话机器人

对话机器人是通过交谈等方式和人进行沟通交流的机器人。最知名的是软银机器人技术公司的Pepper（图1-7）。作为对话机器人，现在规格最大的身高约为120cm。

小型对话机器人中，夏普公司的机器人RoBoHoN较有名（图1-8）。

图1-7 软银机器人技术公司的Pepper
2014年6月由软银集团首席执行官孙
正义首次发布

图1-8 夏普公司的机器人RoBoHoN
搭载了Android操作系统，是具有智能
手机和投影仪功能的小型机器人

虽然该公司想把RoBoHoN作为手机进行发展，但作为手机使用不如作为个人代理机器人来使用更适合，前景也可能更好。该产品后来起用了机器人创作师高桥智隆先生，在产品制作上得到了进一步加强，现在在机器人业界也是评价非常高的一款产品。

价格较为便宜的对话机器人有Takara Tomy公司的机器人OHaNAS（图1-9）。这款产品的定位是一款机器人玩具，通过搭载了与NTTDocomo公司共同研发的自然对话引擎进行对话。所有对话都是通过云端进行处理的，采用在手机上熟练使用的"对话传达员"APP（译者注：这是一款日本智能手机中常用的APP软件）相同的语言解析技术，能够实现自由对话。

对于对话机器人整体来讲，有一点可以肯定，就是虽然说对话机器人能够进行对话，但和人类完全一样流畅地使用日常用语进行沟通的机器人还不存在，它们还只是停留在能够理解人类问话中一定的语句，从而根据问话内容做出一定响应的技术层面上。很多人都用过iPhone的个人助手Siri，机器会根据用户的问题或者命令回话或者是做出动作。对于对话机器人有过高的期望目前还不太现实，但是因地制宜地活用的话，机器人应有的效果还是值得期待的。

图1-9　Takara Tomy公司的机器人OHaNAS
搭载了NTTDocomo公司的会话技术——"会话传达员"功能，没有搭载动作电机

第**2**章

机器人的应用

2.1　人形机器人——Pepper

2014年6月5日，当时的移动运营商软银移动（SoftBank Mobile Corp.）发布了世界上第一个能够读取情绪的真人大小的机器人Pepper。

发布会上，软银集团（Softbank Group Corp.）首席执行官孙正义登上讲坛，手持发着红色光的心形物，把心形物交给Pepper后，Pepper把心形物放到安装在Pepper胸前的平板电脑上时，Pepper身体里的心开始发光（图2-1）。此时Pepper还不是具有情感的机器人。约1年后的2015年6月，在Pepper开始销售的记者发布会上，软银集团正式宣布Pepper因安装了"情感生成器"，其自身已经具有情感了。这也就是说Pepper是作为像人类一样具有情感、能够识别人情感的机器人投入市场的。

图2-1　软银集团孙正义先生和Pepper的合影
2014年6月5日的发布会上，软银集团孙正义先生介绍说："Pepper是世界上第一款情感识别型个人机器人。"

Pepper的机体价格是198000日元，除此以外包含月租费和保险费等需要超过120万日元的维护费用，但它20万日元以内的价格还是给了很多人很大的冲击力。

"不能空中飞行，没有火箭拳，只是想着和你成为更好的朋友的像人一样的机器人。"这是当时Pepper官网上登载的宣传标语。这条宣传标语可以说是Pepper实用化目的的一种表现吧！

2.2　Pepper诞生的理由

Pepper为什么诞生？又担负着什么样的使命呢？孙正义以前就说过，机器人是一个解决劳动力不足问题的有效对策。和人类的劳动能力相比，3000万台机器人大约相当于9000万人的劳动能力，即机器人的劳动能力是人的3倍。就算相同时间1台机器人和1个人能完成的工作量相同，但和人1天只能工作8h相比，机器人可以24h不间断不休息地工作，这样机器人的劳动能力也是人的劳动能力的3倍。数据正确与否姑且不论，工业机器人业已大量应用在各种各样的工厂，随着人口老龄化日益严重，劳动力的减少也不断深化，从这个角度来讲，机器人的大量使用可以认为是解决问题的一个关键。

进一步说，Pepper既不是搬运用的机器人，也不是为了准确地做那些琐碎而单纯重复工作的工业机器人。Pepper是通过和人交谈或是通过歌舞等娱乐的方式（图2-2）让对方或周围的人感到愉快而开发的对话机器人，是作为辅助企业接待人（图2-3）或者辅助人的生活的个人助手机器人而研制的。

图2-2　多个Pepper一同表演的舞蹈效果

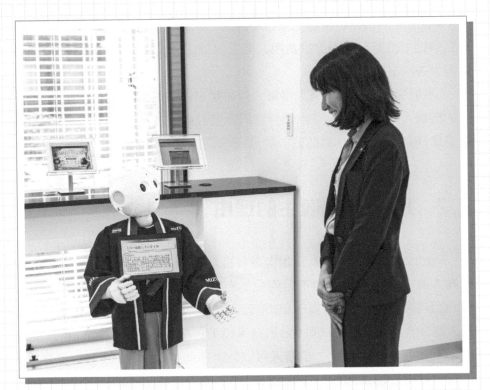

图2-3　在瑞穗银行金融技术角从事彩票解说工作的Pepper

　　软银公司把"以信息革命为人类谋福祉"作为它的经营理念，通过从事利用情感引擎和集体智慧而进化云AI的机器人事业，正在开发能让人愉悦、具有情感的机器人。

2.3　机器人与情感（1）——情感生成器

　　Pepper具有迄今为止其他机器人所没有的几个特点，其中最受关注的一个是，它搭载了使机器人具有和人一样的情感的"情感生成器"，和让机器人能读取对方情感的"情感识别器"。"情感生成器"和"情感识别器"分别是通过什么样的原理来工作的呢？

　　"情感生成器"是针对自主性机器人着手开发的，装载在面向家庭的

Pepper中的功能，用于加强Pepper和家庭成员的联系。该功能是以东京大学特聘讲师工学博士光吉俊二（Shunji Mitsuyoshi）的研究成果（根据最前沿的人脑研究来科学地控制情绪）为基础，由软银集团旗下的cocoro SB公司开发的。接下来，我们先介绍一下人类情感的基本机制。

人类的情感是受大脑分泌的激素控制的，例如，大脑内分泌出唤醒欲望的激素时人就会变得干劲十足；大脑内分泌出让人情绪低落的激素时人就会变得郁郁寡欢，或者人就会感觉到身体沉重。

又如，多巴胺分泌多的话，人产生欲望，有快乐、幸福感；去甲肾上腺素分泌多时，人会感到紧张、兴奋、恐怖、不安、愤怒等。维持这个平衡和稳定的是血清。通常，根据周围环境的刺激等，导致激素分泌发生变化，从而左右人的情绪。但是，即使激素分泌发生变化，也可以通过血清控制使得这个"跷跷板"保持平衡而不至于波动太大，这样，人就能保持心情的相对稳定（图2-4）。

外部来的刺激或者有让情感发生波动的事件发生时，多巴胺或者去甲肾上腺素增加分泌导致"跷跷板"发生大幅度摇动，这个时候血清分泌不足的话，无法控制"跷跷板"的稳定，从而情感的起伏变得更激烈，或者

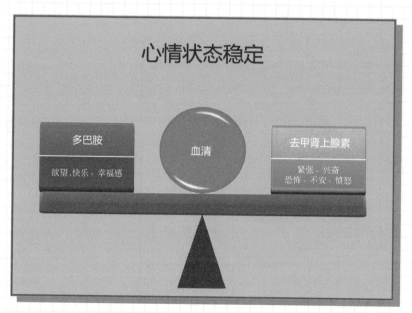

图2-4　血清分泌足够时，多巴胺和去甲肾上腺素得到平衡，人的心情处于稳定状态

图2-5 血清分泌不足时，随着多巴胺和去甲肾上腺素的变化，"跷跷板"大幅摆动，人的心情处于不稳定状态

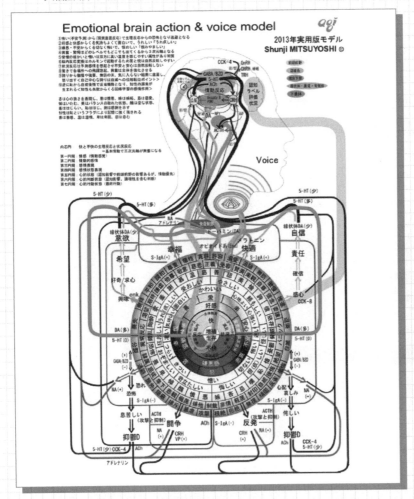

图2-6 情感模型化的"情绪图谱"

情绪高涨和不安相互交织而可能产生躁郁症状（图2-5）。光吉因此制作了分泌激素和情感种类或生理反应之间的矩阵化的表格——"情感矩阵"，制作了将随着激素增减而发生的诸如"兴奋""变得不安""好斗""感到恐怖"等情感模型化的"情绪图谱"（图2-6）。

为Pepper机器人安装这种"情绪图谱"，Pepper就能释放出模拟的激素并进行数值化，据说通过不同激素的平衡会产生100多种情绪。

表达Pepper情感的"情绪图"见图2-7。

但是补充一点，搭载在家庭用Pepper里的情感系统还在开发当中，用人来类比的话它只相当于出生3个月的婴儿的程度。因此，虽说情感是生成了，但在Pepper的实际动作或应用中还没有得到反映。

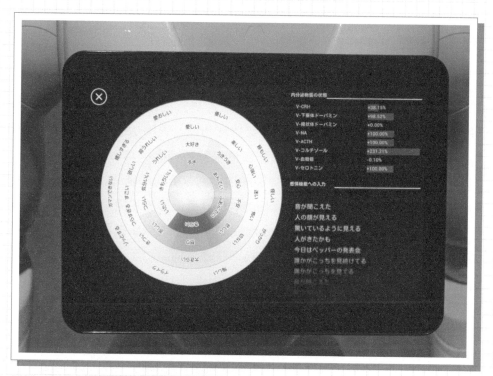

图2-7 表达Pepper情感的"情绪图"
基本上可以实时地在Pepper上的平板电脑上进行确认

作为公开资料，最成熟的Pepper是2016年5月15日播放的NHK特辑"天使还是恶魔，羽生善治人工智能探究"节目中介绍过的，从心智的发展程度来说相当于1岁半的幼儿。

2.4 机器人与情感（2）——情感识别器

Pepper中搭载的另一个情感器是"情感识别器"。"情感识别"就是理解对方的情感，并能根据当时的情景进行对话。但是即使是人类做到这点也不是那么容易的。况且形容那些情绪不外露的人，经常会用"像机器人一样"来表达，所以机器人没有情感也不能读懂人的情绪成了一种普遍的观点。Pepper就是要打破这种观点。

"情感识别器"有三个要点：第一个是识别面部表情；第二个是从声音的语调上识别情感；第三个则是自主地持续学习。

（1）识别面部表情

Pepper通过体内设置的摄像头来识别对方面部的表情。有的数码相机具有自动捕捉笑脸进行拍照的微笑摄影功能。这种功能就是使用了表情识别功能来实现的。技术上从面部表情来解析情感的精度可以做到很高。Pepper也是用了类似微笑摄影功能的技术来分析面部表情，不仅能识别笑脸（愉快的表情），还可以识别悲伤的表情或者愤怒的表情。

识别笑脸的时候，由于微笑会出现嘴角上移或露出白色牙齿或外眼角下垂等脸部变化，这样就比较容易判别脸部表情。对于其他一些不容易在面部显示明显特征的情感，则通过捕捉诸如低头说话、不看对方嘴巴说话、瘪嘴等变化来识别表情。通过表情识别困难的时候，则结合对方说出来的语言进行解析。例如，若对方说出"不好""讨厌""无聊"等话语时，则可以判断对方处在一种消极的情感状态当中。还有声音的语调也是解析情感的一个重要因素。

不仅仅是Pepper，对现在的对话机器人来说，都非常期待这种面部识别技术的发展。这种技术可以活用于以下场景：当一个经常来店的顾客到达接待处时，通过识别客户的脸，从而知道该客户的姓名及其购买记录，让客户感到更亲切。

（2）从声音的语调上识别情感

Pepper搭载了能听懂对方说话的声音识别功能，也可以对声音的语调进行分析。制作了"情绪图谱"的东京大学特聘讲师光吉也做了从声音的语调来判断人是否生病的研究。以这项研究为基础，Pepper对通过声音的语调来判断和识别情感也做了尝试。更具体地说，记忆下平常的声音语调，当识别到和平常声音语调不同时就可以认为是喜怒哀乐，并数值化语调的变化幅度（图2-8）。这样经过多次试验积累就可以判断出对方的情感。

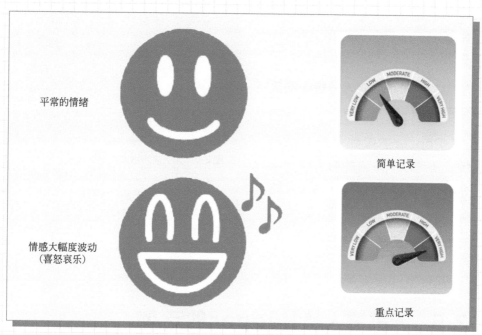

图2-8　简单地记录平常的声音语调，声音语调发生大的变化时作为情感的大变动重点进行记录，从而分析喜怒哀乐

（3）自主地持续学习

像人类从童年开始随着成长不断地学习各种各样的东西一样，给Pepper导入了根据经验进行学习的机制。进行大量的对话，识别分析对方是笑、是怒、还是消沉，并作为数据积累下来，通过自学习不断地提高精度，这就是自主学习功能。

最初确实是有很多文不对题的对话。在人们生活当中，小孩子刚开始和他人对话时，或者说和初次见面的人碰面的时候，也经常会有这种体验。但是，通过不断地持续进行对话，随着相互理解的加深，对话也渐渐地变得和谐起来。

关于这种情感识别器和自主学习功能，软银公司是这样描述的：不需要人来操作，机器人有意识地让每个家庭成员快乐，并通过自己的学习不断进化。

（4）对来店客人分析中的灵活运用

Pepper不仅能分析面部表情，还可以从来店的客人照片中分析得出客人的性别、是大人还是小孩、大致的年龄等。这些已经运用于对来店客户的营销分析等方面了（图2-9）。

图2-9 为了使用精度更高的技术，Pepper和使用了深度学习的云系统联动进行分析的例子（该系统由ABEJA公司开发）
男性用蓝色，女性用橙色，表示出识别出来的年龄

2.5 云机器人及Pepper的云AI

Pepper之所以被关注，很多人说是因为云AI。现在这种说法已经成

了主流的说法，Pepper作为个体单独存在且能够动作，还可以通过Wi-Fi和互联网上的云服务器进行通信，这种技术称为"云机器人技术"。

从想法上来说这并不是什么很难的事情。手机通过接入网络扩充了各种各样的功能，这点我想大家都应该体验过，同样的道理，机器人通过接入网络和云端联动后，也能够扩充单个机器人的功能。

例如，机器人和高性能的云端系统联动后，和人类用自然语言进行对话，处理大数据，使用人工智能做出判断，这些或许都可以实现。这时，若云端拥有与超级计算机同等性能的话，机器人不一定需要超高速CPU或超大容量内存等高性能系统。

因为和智能手机一样，机器人也是终端机器，降低生产成本也是云机器人的一大优势［采用云系统的时候，智能手机或机器人等终端设备称为"边缘"（edge）］。

Pepper中也引入了这个想法。Pepper本身具有相当于平板电脑的运算能力，和网络连接之后，可以利用大数据，也可以和IBM Watson、Microsoft Azure等高性能的云端系统进行联动（图2-10）。

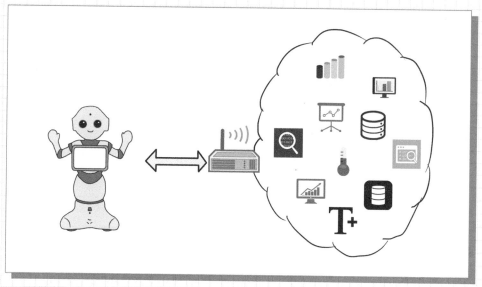

图2-10　云机器人的例子

机器人（边缘）性能即使不是那么高，和云端高性能的系统连接之后，机器人的性能也可能得到大幅度提高例如，和家庭成员谈话、拍照、记住每个人的兴趣爱好等，单个Pepper并没有存储这么庞大数据的存储设备，和云端连接的话上传这些信息并保存就是一件非常容易的事情了。另外，作为前面讲到的情感识别器的基础，需要保存面部表情图像、声音语调等数据，为了学习这些数据必须持续保存并积累起来。这些大数据的积累和分析处理工作应该在云端进行。

通过利用互联网的"集体智慧"，知识还会得到飞跃性的增多。人基本上是靠自己的经验来得到知识的积累，而机器人是通过经验或大数据在云端的积累和共享，自己学习到的经验还可以和通过网络连接在一起的其他Pepper共享（图2-11）。

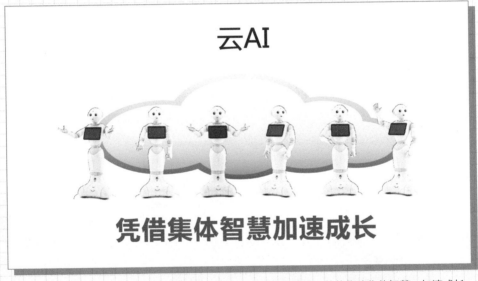

图2-11　如果全世界的Pepper都连接云AI，采集大数据，就能构建集体智慧，加速成长

当初，软银以低价格发布Pepper，其理由我们推测如下：市场上有大量的Pepper，它能够从很多的家庭中收集并累积大量的数据，通过使用AI系统对这些数据进行学习和灵活使用，这样，不就能够得到更多的知识吗？这种推测的真假姑且不论，但让支持云计算的机器人进行学习，这种方法应该是非常有效的。

不过，如果这些都实现了的话，"个人隐私信息能得到保护吗？"这一问题就非常让人担忧。根据软银机器人公司发布的信息，为了学习家庭成员习惯、兴趣的个人隐私数据保存在名为"私人AI"的云AI中，不包含个人隐私的希望给全世界Pepper共享的数据保存在"云AI"中，所以不需担心个人隐私被泄露（图2-12）。

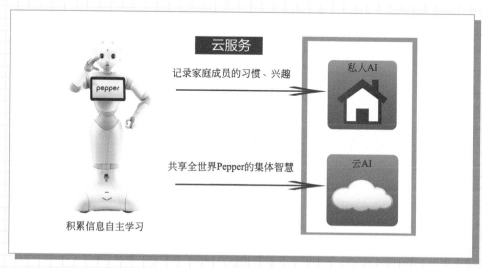

图2-12　个人隐私信息和应共享的大数据在不同的云端系统中被保存、利用

2.6　护理领域机器人应用实例

"大家好，我的头很光滑吧？我对皮肤的保养也很注意哦！今天希望和大家一起玩得开心。"

在很多老年人面前Pepper这样说。

老年人看护机构中一般会定期举行娱乐活动，大家一起做体操、合唱、做游戏和猜谜，希望通过回想过去的事情、和别人对话来达到抑制阿尔茨海默病的效果。适度的体操是对健康管理非常有效的手段。

这种娱乐活动是由Pepper主持的。Future Bright Communications公司花了1年左右的时间在9个老年人看护机构中进行了10多次实地验证试验，得到了丰富的经验和数据。上面Pepper说的话就是那个时候说的（图2-13）。

图2-13 老年人看护机构中担任娱乐活动主持人的Pepper（照片由Future Bright Communications公司提供）

图2-14 "Pepper主持的生动脑体操"（脑训练）的画面例子
问题的答案是"蓝色"

该公司开发了"脑体操"和"身体体操"两款适用于Pepper的机器人应用。"脑体操"是日本仙台广播台面向老年人的电视节目《川岛隆太教授的生动脑体操》的机器人应用版（图2-14），由任天堂DS大受欢迎的游戏《锻炼大脑的大人的DS训练》（脑训练）的开发者川岛隆太教授监审。

"身体体操"是由在护理现场进行娱乐活动支持的业余时间问题研究所的山崎律子代表监审的，"身体体操"（Rexercise，见图2-15）包括"韵律体操""歌唱体操""脑体操"等模块。

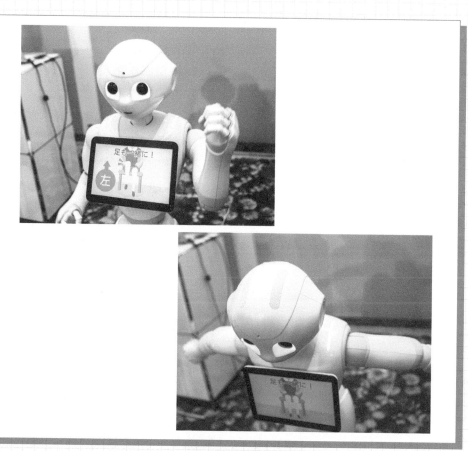

图2-15 山崎律子监审的机器人应用Rexercise，和Pepper一块来愉快地舞动身体吧
（译者注：Rexercise是一款用于Pepper的机器人应用，现已停售）

2016年4月，"脑体操"应用程序在新加坡召开的亚太关爱老年人创新大赛中获得了最佳保健部门优秀奖。老年人看护问题不仅仅是在日本，在其他国家也是关注度很高的一个话题，这是可以通过机器人来解决问题的一个领域。

2.7 旅游观光领域机器人应用实例

（1）小田急在观光宣传（PR）中导入机器人

从海外来日本的游客（入境）正在急速增加，观光业界期待机器人能解决人手不足和多国语言对应的问题。

　　报名参与实地验证试验的单位首先就是铁道公司。2016年2月，小田急配合中国农历春节，在东京新宿站举行的箱根旅游宣传活动中限期引入了Pepper（现在已经结束）。Pepper身穿源于开往箱根的特快情人座车厢（"浪漫"号车厢）的红色和服上衣，放置在名叫"箱根旅市场"的箱根旅游用品专卖店前，从事用英语和中文在购票窗口引导游客买票或者向游客介绍箱根的名胜和特产等接待工作（图2-16）。

　　在翻译方面也在线地进行了日本首次实地验证试验。试验采用以Pepper为中介，连通外国游客与24h在线、支持6国语言的翻译呼叫中心，这样就建成了一个由机器人参与的三方通话系统。Pepper用中文介绍的时候，在听到详细问题的情况下，Pepper会和工作人员或者是翻译呼

图2-16　在新宿站箱根旅游用品专卖店门前活跃着的Pepper

叫中心取得联系，从而能够及时地回应客户的问题。运用这个系统，Pepper进行第一次回应，会日语的店员进行第二次回应，碰到语言问题的时候，翻译呼叫中心进行第三次回应，这样使得多语言对话成为可能。

（2）京浜急行引入机器人迎接游客

说到铁道公司，京浜急行铁道公司将Pepper常设在其羽田机场国际线航站楼站的检票口附近（图2-17）。Pepper站在机场到达大厅，面向乘坐京急线去往东京都内方向的旅客，使用日语、英语、中文致欢迎辞，或告知旅客站内卡的使用方法。另外旅客还可以使用Pepper来做抽签游戏。

Pepper身穿站务员服装，站在检票口内侧，旅客进到检票口就能发现Pepper。虽然大多数人都是快步通过，但是时间宽裕的人都会用Pepper身上的平板电脑抽抽签，也有带着家属的会和Pepper一起拍照留念。很多孩子对Pepper特别感兴趣，很想和Pepper一起拍照。

图2-17　京浜急行铁道公司的Pepper
在羽田机场国际线航站楼站为旅客致欢迎辞或告知旅客站内卡的使用方法

（3）宾馆中使用机器人的实例

2016年9月中旬之前，东京凯悦酒店（Hyatt Regency Tokyo）在大堂中引入了配合明信片使用的旅游机器人Pepper，设置了由Pepper进行东京旅游景点介绍的"东京观光指南服务台"（Tokyo Photo Spot Information），如图2-18所示。

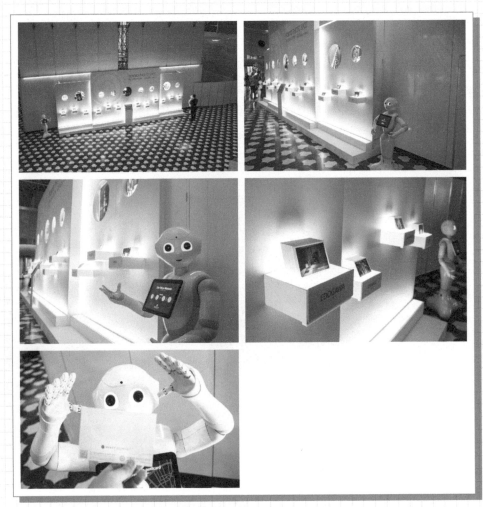

图2-18　东京凯悦酒店中设置的东京观光指南服务台（Tokyo Photo Spot Information）

　　这个角落放置了2台Pepper，还有印有新宿、神乐坂、秋叶原、多摩等12处东京旅游目的地照片的24种明信片。想去观光的游客可以将相应的旅游目的地的明信片带走。如果把该明信片展示给Pepper看，Pepper会识别明信片中的图像，并就该旅游目的地的看点进行解说，也会告知客人从宾馆去往该旅游目的地的乘车方法和所需时间。Pepper支持的语言是日语和英语。

（4）伊势志摩峰会中作为旅游向导引入机器人

　　在2016年5月召开的伊势志摩峰会中，Pepper担任了日本三重县的临时宣传员，在峰会会场的国际媒体中心内的"三重县主题馆"里介绍三重县的观光、饮食、历史文化等（图2-19）。

图2-19　记者发布会上明星们也纷至沓来，会上宣传了Pepper在伊势志摩峰会上发挥的作用

　　作为应用程序，提供了"三重接待员""三重图书馆""智力测试和纪念摄影"等应用程序（图2-20）。"三重接待员"应用中，Pepper用自己的传感器来读取前来咨询人员的年龄、性别、情绪等用户信息，然后介绍

图2-20 提供了日文版页面和英文版页面的应用程序

和用户信息对应的三重推荐信息。通过使用"三重图书馆"应用，用户能够分门别类地浏览三重县的旅游、饮食、工艺品、历史、文化、自然等的详细信息。使用"智力测试和纪念摄影"应用，Pepper会出一些有关三重县的智力测试题，根据用户回答正确的题数来为客户提供相框，答题正确数多的可以得到相对豪华的相框，答题正确数少的得到的相框会稍微廉价一些。该应用还有拍摄纪念照的功能。

2.8 银行业中机器人应用实例

（1）瑞穗银行配备2种Pepper

银行积极引进机器人的实例不断增加。瑞穗银行2015年7月将首台Pepper导入东京中央分行，到2016年有超过10个分行导入了机器人。Pepper的主要作用是吸引客户、缩短客户等待的感受时间和介绍服务产品。2016年，该公司发表评论称："在吸引客户方面，取得了比去年增加7%的成绩；在客户等待的时间里，客户参与智力测试和抽签游戏等的热情高涨；在推荐保险产品方面，取得了10件以上成交的成绩。"

瑞穗银行2016年5月设立了有金融技术角的八重洲口分行，在这里配备了两台功能不同的Pepper。一台主要是着眼于上述3个作用而配备的常规Pepper，另一台是经由铺设在金融技术角的网络和IBM Watson（认知计算机，人工智能相关技术）联动的Pepper（图2-21、图2-22）。起初它们主要起到对"乐透6"等彩票的引导作用，后来由于和Watson联动，

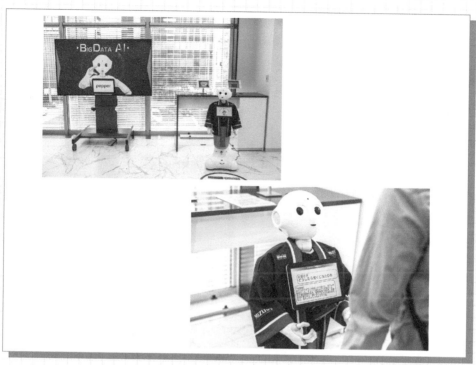

图2-21 瑞穗银行八重洲口分行金融技术角配备的和Watson联动的Pepper
能更准确地应对客户提出的问题

图2-22 在等候室里配备的Pepper
它的主要工作是让客户玩抽签游戏，安抚客户，也进行保险产品的营销

问题的应对准确度大幅提高，逐渐能够和客户进行关于资金结转等最新信息的对话，据说对话的正确回答率达到90%。

对于游戏和商品说明这类Pepper能处理的业务，配置单个机器人进行处理；对于金融技术角中需要正确回答顾客的问题的业务，配置与Watson联动的Pepper来处理。这样根据不同的业务配置不同功能的机器人，受到了业界的一致好评。

（2）三菱东京UFJ银行也导入业务受理机器人

三菱东京UFJ银行也在推进机器人和Watson的导入工作，在该行制作的概念电影《基于Watson和机器人的未来的客户接待》中描述了下面的故事。

在接待处小型机器人NAO迎接客户，通过脸部认证掌握客户的ID和擅长的语言。NAO告知客户NISA相关业务由Pepper来负责，并将客户带到负责NISA工作的Pepper处。当客户到达业务窗口的Pepper处时，客户ID和问过的一些内容都已经共享完毕（图2-23～图2-26）。

图2-23　当Pepper用英语问客户来银行的目的和要咨询的事情时，客户用日语回答道："听说不用付税金的投资很流行……"

图2-24　NAO瞬间将客户提问的内容向Watson进行咨询，理解到客户的问题是和NISA相关的问题

图2-25 客户问道："NISA和在泰国的信托投资有什么不同？" Pepper同样咨询Watson并将回答转达给客户

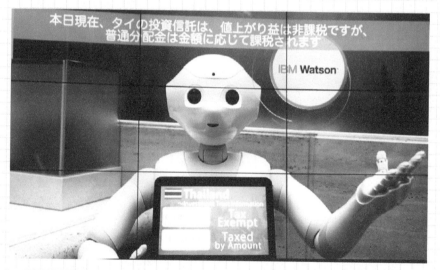

图2-26 通过机器人和AI（Watson）的联动，机器人能够准确地回答客户提出的问题

三菱东京UFJ银行的电影虽然讲的是未来的事情，但实际上他们已经积极地在接待处导入 NAO，开始利用NAO进行工作。另外在成田机场分行，已经使用机器人面向游客提供英语和中文等多国语言的汇率、向导等各种信息。

2.9　医疗行业中机器人应用实例

　　说到医疗行业中的机器人的应用，手术辅助机器人"Da Vinci"（达芬奇）广为知名。"Da Vinci"是利用精密机器臂和摄像头等进行手术的系统，医生在内窥镜下进行手术时使用（图2-27）。以前公认的比较困难的手术角度或方向通过手术辅助机器人都可以进行手术，而且由于只要开较小的孔就可以进行手术，从而减轻了患者的疼痛，减少了对患者的伤害，这也是该系统的一大优点。

　　那么，Pepper这样的对话机器人在医疗行业又会得到怎样的应用呢？

　　首先，和在银行中一样，Pepper可以在等候区域接待客户，缩短客户

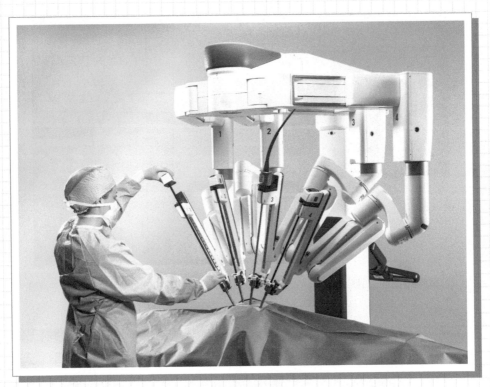

图2-27　Intuitive Surgical公司的手术辅助机器人Da Vinci

等待的感受时间。接下来就是业务受理：作为医院和诊所的重要业务，有一项工作是预约管理，将支持电脑、智能手机的预约管理系统和机器人联动起来，可以进行预约管理或当天就诊受理。另外，在综合性医院里，也可以考虑用Pepper来做向导，以指引诊疗窗口、诊疗室、放射室、收费窗口等。

2016年9月，人们进行了一项新的尝试，在日本神奈川县藤泽市的爱爱耳鼻咽喉医院举行了由Pepper进行"问诊"的实地验证试验。初诊时，问诊单是通过与Pepper温柔对话和平板电脑进行的"机器人联动问诊系统"来填写的。考虑到个人隐私，来院就诊人员可以通过平板电脑手写板回答问题。孩子们靠近机器人津津有味地和机器人进行对话（图2-28），问题回答完毕，即可通过Pepper上安装的打印机打印出诊疗受理票据（图2-29）。Pepper和受理管理系统是联动的，到此诊疗受理手续就办理完毕。

图2-28　耳鼻咽喉医院中用于实验的Pepper
孩子们在津津有味地回答Pepper提出的问题（Chantilly公司开发）

图 2-29　问诊结束后打印诊疗受理票据

图 2-30　从问诊的回答中察觉到紧急事态的时候会向医生和工作人员的电脑或平板电脑上
发送紧急通知

　　当从问诊的回答中得知来院就诊人员"有重大疾病的嫌疑""有流感等
传染病的嫌疑""有发高烧"等情况的时候，系统马上会向工作人员和医生
的电脑或平板电脑上发送紧急通知（图2-30），可以起到危重患者优先诊

疗的伤检分类的作用，以及在问诊阶段发现问题提前隔离，防止院内感染的作用。

2.10　3种Pepper机器人

2015年6月开始销售的Pepper有几个种类（仅看Pepper本身基本上很难区分）：面向开发人员提前销售的Pepper、一般销售模式的Pepper和面向企业的Pepper（Pepper for Biz）。

（1）面向开发人员提前销售的Pepper（Pepper for Dev）

是指先于一般销售模式Pepper发售的面向开发人员的Pepper，因为是面向开发人员的，一部分功能没有搭载进去。

（2）一般销售模式的Pepper（面向家庭）

这种Pepper面向家庭发售，以希望其能成为家庭一员，裸机价格为198000日元。另外，加入基本套餐，每月收取云使用费等14800日元，故障保险费9800日元，基本套餐合约36个月，总额为1083600日元（不含税）。

（3）Pepper for Biz（面向企业）

该模式可以说是面向企业提供的月租金计划，每月费用中包含一部分机器人应用，如接待客户或接待处应用，某些特定业务应用，合约36个月，每月55000日元。

2017年支持Android系统的Pepper投入市场，因此，现在市场上，上述每一种Pepper都有两种：一种是只支持专用OS（NAOqi OS）系统的；另一种是同时支持专用OS、Android两个系统的。

一般销售模式的Pepper和Pepper for Biz的功能差异见表2-1。一般销售模式的Pepper和Pepper for Biz在功能上的最大差异在于：Pepper for Biz的情感生成器是关闭的，并且不允许其产生自主性行为。

表2-1　一般销售模式的 Pepper 和 Pepper for Biz 的比较

比较项目	一般销售模式的 Pepper	Pepper for Biz
推荐使用对象	考虑对话或娱乐、日常接触等和 Pepper 一起过家庭生活的人群	商品介绍或者接待业务等商业场景中考虑使用 Pepper 的人群
裸机	相同	
机器人应用及云服务	对话和娱乐功能当然不用说，还搭载了诸如让它读连环画、代为留言、和智能手机联动等使它能成为家庭圈中心的功能 根据对方的情绪或者和人接触、周围或者自己的状况，机器人情感会产生复杂的波动。机器人能根据情感产生自主性行为	搭载商品介绍、处理接待业务、和人打招呼、实施调查问卷等各种商业场景中可以使用的机器人应用 仅仅通过文本或图像的设定，可以简单地定制客户的需求 来访次数或来店人员的属性等 Pepper 接待客户信息的可视化 面向管理者还提供机器人应用的自动分发功能
服务支持	咨询：支持邮件、电话 故障时：送修，根据故障原因可能需要数周	咨询：支持电话和邮件 故障时：为了快速解决故障而更换新机
费用计划	机体价格198000日元 Pepper 基本合约计划 　14800日元/月×36个月 Pepper 保险费 　9800日元/月×36个月	包含机体价格、服务费等全部费用在内的费用计划（租赁的时候） 55000日元×36个月
签约名义	个人和企业都可以	仅限企业

　　由于用户对作为家庭一员的 Pepper 产生了感情，即使 Pepper 发生了故障，多数用户也不愿意更换 Pepper 而选择维修。对 Pepper for Biz，用户则优先选择更换机器以尽早恢复业务。

第 **3** 章

机器人的基础技术

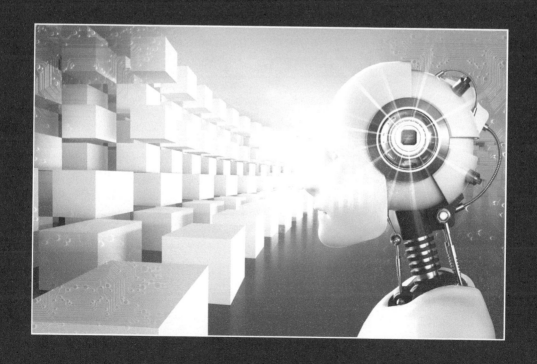

我们首先以Pepper为例子进行分析，然后再来解说机器人整体结构。

3.1　Pepper的外形

Pepper是怎样的机器人呢？我们先来看看Pepper的外形吧。Pepper身高约120cm，体重约30kg。以人的平均数据来衡量的话，Pepper的身高和7岁的孩子（约122cm）差不多，体重和9岁的孩子（约30.4kg）相近（图3-1）。

图3-1　Pepper的外形

3.2　Pepper的头部

Pepper的头部装备有4个传声器（麦克风）、2个RGB摄像头、2个扬声器、碰触传感器和红外线传感器、3D传感器（图3-2～图3-4），这些装备相当于Pepper的"眼睛"（图像输入）、"耳朵"（语音输入）、"嘴巴"（语音输出）。Pepper的规格见表3-1。

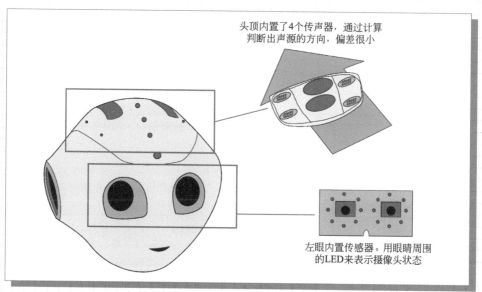

头顶内置了4个传声器,通过计算
判断出声源的方向,偏差很小

左眼内置传感器。用眼睛周围
的LED来表示摄像头状态

图3-2 Pepper的头部结构
除内置了可称为"大脑"的CPU外,还配置了摄像头、传声器、扬声器、传感器等

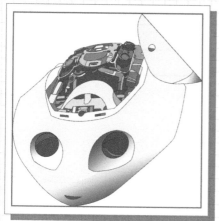

图3-3 头顶上配置了4个传声器
可以检测出声音从哪个方向传来

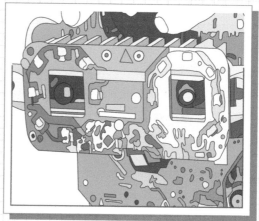

图3-4 头部眼睛四周的基板
左眼配置了3D传感器,眼睛四周配置了
LED,这样Pepper的状况可通过各种颜
色进行表现

表3-1　Pepper的规格

尺寸（高×侧宽×正面宽）	1210mm×480mm×425mm
质量	29kg
电池	锂离子电池 容量：30.0A·h/795W·h 续航时间：最长12h以上
传感器	头：传声器4个、RGB摄像头2个、3D传感器1个，碰触传感器3个 胸：陀螺仪传感器1个 手：碰触传感器2个 腿：声纳传感器2个、激光传感器6个、陀螺仪传感器1个、防撞仪传感器3个、红外线传感器2个
可动部位	[自由度]头部：2；肩部：2×2(左/右)；肘部：2×2(左/右)；手腕：1×2（左/右）；手：1×2（左/右）；腰部：2；膝盖：1；滚轮：3 [电动机]20个
屏幕	10.1in触摸屏（1in=0.0254m）
系统平台	NAOqi OS
通信方式	Wi-Fi：IEEE 802.11 a/b/g/n（2.4GHz/5GHz） 以太网口：1个（10/100/1000BaseT）
移动速度	最大2km/h
地面落差限制	最大1.5cm

（1）传声器

在Pepper的"头顶"配置了4个传声器，4个传声器位于前后左右四个方向上，通过计算听到声音的时间差来判断声音的方向。

传声器的规格：灵敏度为300mV/Pa、±3dB（1kHz），频段为300Hz ~ 12kHz。

（2）扬声器

扬声器设置在Pepper左右"耳朵"的位置。因此，采访Pepper时，传声器不应对准Pepper的嘴巴，而是应对准Pepper的耳朵。另外，耳朵上也装备了LED。

（3）RGB摄像头

用于图像输入的RGB摄像头装备在了Pepper的"额头"和"嘴巴"部位。额头上的摄像头用来识别对方的脸和表情以及查看脸前方的情况；嘴巴处的摄像头用来查看Pepper前方地面附近的情况，视角都是44.30°（图3-5）。

RGB摄像头是用在摄像机和数码相机中的摄像头。Pepper的RGB摄像头最大分辨率是2560×1080，每秒5帧（5 fps），270万像素。电影和电视的图像都在每秒约25帧以上，所以RGB摄像头是不能作为视频摄像头使用的。

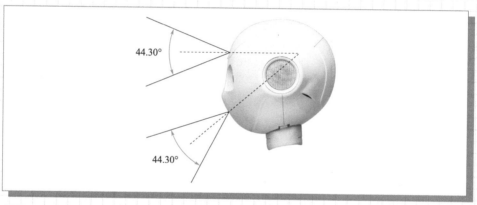

图3-5　RGB摄像头的视角为44.30°，可以查看正前向和前下方的情况

（4）碰触传感器

Pepper头顶上3个碰触传感器前后排成一列，可以检知头部是被抚摸了还是被敲打了。

（5）3D传感器

为了测量与周围的距离，Pepper"左眼"处装备了3D传感器（图3-6）。3D传感器的最大分辨率为320×240，每秒20帧，用来测量Pepper与人或物的距离。

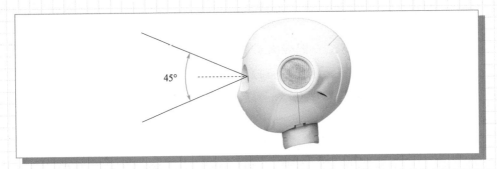

图3-6 3D传感器的视角

另外，用于掌握对移动来说非常重要的周围情况的传感器，都集中配置在Pepper的脚部。这些传感器，我们将在"3.4 Pepper的脚部"一节中进行解说。

（6）LED

眼睛周围配备了8个LED，这些LED用于表达Pepper的状态和情感（图3-7）。

这样，仅仅看Pepper的头部，和人交流所必要的功能都已经具备了。但是，要想使用更高功能的传声器和摄像头等时，其扩展性还不够。像个人电脑那样在容易使用的位置配置USB连接器和扩展总线，使得连接周边设备、功能追加更方便的话，Pepper的应用范围可能会得到进一步扩大。

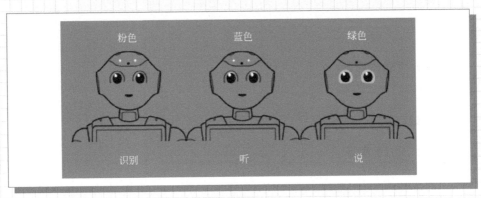

图3-7 发粉色光时表示Pepper正在识别图像，发蓝色光时表示Pepper处于聆听状态，发绿色光时表示Pepper处于准备说话或正在说话的状态

3.3 Pepper的胸部

看Pepper的胸部，最引人注目的就是平板电脑。这款平板电脑通常也称为Android平板电脑，由韩国LG CNS公司生产，10.1in触摸屏的分辨率为1280×800。

2016年5月Pepper进行与Android平台的对接，支持Android系统，并提供Android开发环境，这样，Android应用程序能够在Pepper上运行，另外，还能够相对简单地将已经安装的Android应用程序改变成Pepper适用的应用程序。为此，Pepper本体还进行了重新设计，其中最重要的变化就在这款平板电脑。虽然，Pepper主机是在"NAOqi"这个专用操作系统的控制下运行，但是在Android环境下开发的应用程序主要还是使用这个平板电脑来运行。

Pepper的胸部位置除了平板电脑外，还内置有电源板、开关、冷却风扇等。

从Pepper的全身来看，下半身内置有电池（图3-8）和传感器、伺服电动机等，头部内藏有CPU和摄像头、扬声器等。为了把下半身的电池电力供应给头部的CPU和摄像头，效率较高的配置方式是在处于中间位置的胸部配置电源相关的控制机构（图3-9）。

Pepper的电源开关在平板电脑的下面，紧急停止按钮设置在Pepper肩部中央的位置，这些也都是考虑到电源控制效率而设置在身体的中间位置。

供应电力

电池

图3-8 Pepper是靠脚部堆放的大型电池来给全身供电的，有关电源控制的零部件则集中在胸部

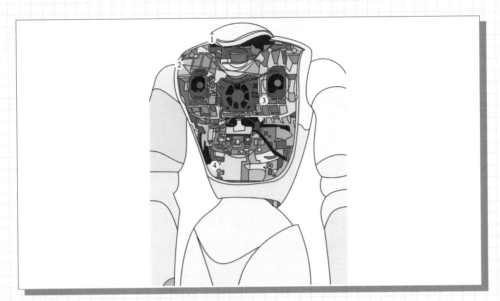

图3-9　从背后看Pepper内部的解说图

按下背部的紧急停止按钮1时将停止给Pepper供电。内置2个肩部冷却风扇2，以及1个颈部冷却风扇3。基板4是DC-DC转换用的电源控制基板

3.4　Pepper的脚部

Pepper不是采用双足步行的方式移动，而是通过万向轮来移动的。Pepper脚部内置了3个万向轮，通过控制各个万向轮，使得Pepper可以在前后左右360°方向上移动。

Pepper开发最初，开发人员就放弃了双足步行的方式，而决定采用万向轮的方式。双足步行是直立行走，仅仅为了维持机器人站立时的平衡都需要消耗不少电力，因此，即使堆放大容量的电池，机器人的工作时间也会显著缩短。现在，Pepper持续工作时间之所以能达到约12h，那都是得益于采用了万向轮方式。

在Pepper的腰部、膝盖部，各万向轮由3个无刷电动机驱动。

从外部看，为了把万向轮包裹保护起来设置了保险杠，保险杠上有传感器，用来检知是否碰撞到障碍物，在碰到障碍物时，机器人会说"痛"，或者机器人能够回避障碍物并进行下一个行动。

Pepper的脚部除了万向轮以外，还内置了大容量电池，电池就好像夹在万向轮的中间一样（图3-10、图3-11）。重的零部件尽可能配置在下面，这样的设计降低了机器人的重心，机器人不容易翻倒，从而使身高120cm的机器人能够保持稳定的平衡。

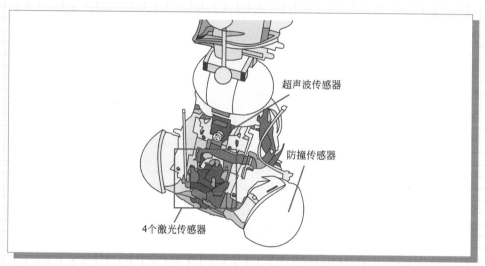

图3-10　从前面看到的Pepper的脚部
3个万向轮被保险杠遮盖，有4个激光传感器和2个超声波传感器，盖板的后面配置有红外线传感器

图3-11　从后面看到的Pepper的脚部
使用了三个万向轮1，还有检测后面周围状况用的超声波传感器和充电插座。重量较大的电池2配置在3个万向轮中间

为了探知周围有无障碍物，Pepper的脚部配置了各种传感器，共计10个。

（1）6个激光传感器

Pepper脚下正面4个，侧面左右各1个，共计搭载了6个激光传感器（图3-12）。由于激光有着高的直行性和方向性，因此可以通过检测反射回来的激光掌握周围的状况。机器人业界也将激光传感器称为LIDAR❶（laser imaging detection and ranging）。LIDAR在很多无人驾驶汽车里也有应用。

具体来说，Pepper能够检知自己和说话的人距离有多远，人过于靠近的时候Pepper会立即后退，以保持一定的距离来确保安全。

激光传感器的缺点是：因为它是通过检测光的反射来动作的，所以很难检知到易透光的物质。日常生活中我们身边最多的易透光的物质就是玻璃。如果机器人只装备有激光传感器的话，就可能会发生Pepper猛烈撞击透明玻璃门的情况。

（2）2个红外线传感器

在Pepper的眼睛处配置了红外线传感器，在脚部从正面到左右两边的斜方向上也配置了红外线传感器。红外线传感器也作为人体感应器使用，因为红外线传感器可以检测温度变化，所以可以根据周边和体温的温度差来检测是否有人或恒温动物存在。

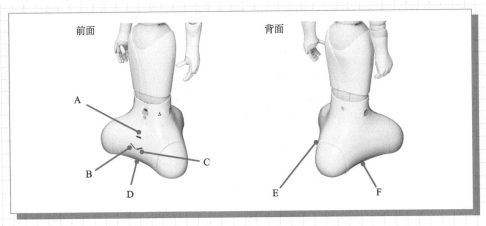

图3-12 激光传感器和红外线传感器的位置

A ~ F—传感器所在位置

---

❶ 原文有误。——译者注

（3）2个超声波传感器（声呐）

超声波传感器即声呐。电影等中经常可以看到声呐在船的鱼群探测器和潜艇中使用的画面。超声波是人听不到的高频声波，因为该种声波在水中也容易传播，所以在鱼群探测器、海洋勘探、潜水艇侦察时可以发挥其威力。最近汽车中应用声呐来防止事故，这是通过检测声波的反射来判断的。声呐也可以用来辨别玻璃的存在。Pepper身上配置声呐的位置如图3-13所示。

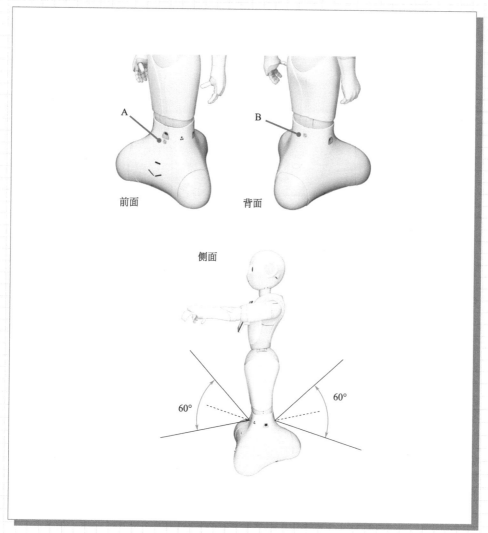

图3-13　声呐（超声波传感器）的位置

A，B—声呐所在位置

（4）机器人浑身都是传感器

智能手机上搭载着陀螺仪传感器和近距离传感器等多种传感器，能移动的机器人为了确保安全，搭载了更多的传感器。在Pepper的身上，包含摄像头、传声器在内实际上共搭载了27个传感器（图3-14）。

头部碰触传感器×3

RGB摄像头×2

陀螺仪传感器×2

激光传感器×6

传声器×4

3D传感器×1

手部碰触传感器×2

红外线传感器×2

超声波传感器×2

防撞传感器×3

图3-14 Pepper全身装备的传感器

3.5　Pepper的手臂

Pepper的手臂上嵌入了驱动肩膀、肘部、手腕、手指的电动机（图3-15）。

人形机器人不仅仅只有Pepper，许多厂商都开始发售人形机器人，但是具有手指而且能让手指动的机器人还是很少的。Pepper的每只手上都有5根手指，能握手、能用手指抓起广告用纸巾。尽管如此，每个手指还是不能单独动作，只能做以"石头"和"布"为主的动作。这是因为各手指都是通过电线连接在同一个电动机上。另外，手指的紧握力也比较小，约为150gf（约1.47N），最多能举起一个智能手机。之所以这样设计，是因为Pepper是一种沟通用机器人，手和手臂都是用来表现情感的。而且，为了避免机器人对人造成伤害，在手臂和做紧握动作的驱动部件里都使用没有太大力量的电动机，并且在软件控制方面也会抑制过度的动作。

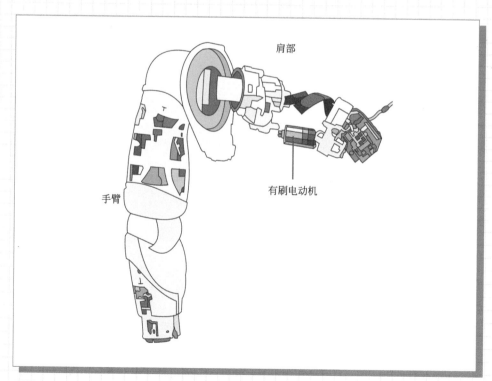

图3-15　肩部、肘部、手里内置了有刷电动机

手背上有碰触传感器，可以感受到握手、手背被压等动作。

手臂上使用的电动机是有刷电动机（图3-16）。Pepper的其他地方，如下半身使用的是无刷电动机。两者相比较，有刷电动机便宜一些，但是比无刷电动机的耐久性要差一些。

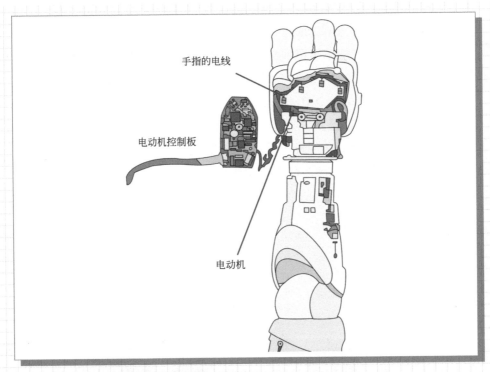

图3-16　手中内置了有刷电动机和控制基板
手背被压时，盖板内侧和控制板相互接触会被传感器检知

3.6　机器人的结构

我们已经介绍了Pepper大致的构造，下面再来看看机器人的整体结构吧。

正如前面"1.1 何为机器人？"一节所说的那样，随着沟通交流用机器人的陆续登场，机器人应该可以说是没有明确的定义了。

例如，智能手机具有"大脑"——CPU和内存，内置传声器、扬声器等输入输出装置、人体感应器、加速度传感器、陀螺仪传感器等各种传感器，使用Wi-Fi和手机网络（3G、4G/LTE）等也可以进行通信。这些技术很多都和机器人相同，把它的机壳做成模仿人或者其他角色的外形就可以称为机器人了。

但是，要说是机器人的话，必须要有能使脖子、手脚运动的关节和驱动部分，即促动器。用于机器人的有代表性的促动器就是伺服电动机（有时也称为伺服器）。机器人的关节部分一般使用伺服电动机。

制作过汽车和坦克等塑料模型的人应该使用过带动模型车轮转动的电动机，但是那个电动机只要电源一打开，基本上就不停地转动，车轮也随着不停地转动。伺服电动机的"伺服机构"是指它能控制位置、角度、方位、姿势等。以机器人的手腕为例，抓东西的时候，如果不能准确地控制肩膀和手肘、手腕的角度和方向等，就不能很好地抓取东西。这时需要的不是只会不停地转动的电动机，而是要能正确控制转动范围、角度、位置的伺服电动机（图3-17）。

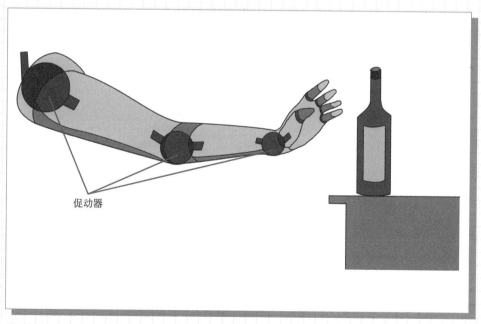

促动器

图3-17　机器人的关节和驱动部分称为促动器
使用了可以控制旋转量（角度）和方向等的伺服电动机

3.7　机器人的移动方式

机器人差异最大的地方表现在移动方式上。例如，把对话作为重点功能的机器人很多都是不能移动的。OHaNAS、Robi Jr.、KIROBO Mini、Unibo、Jibo、小海豹"帕罗"等就是这一类机器人，这是因为移动用的机构特别复杂、成本很高。

车轮型移动机构最简单、稳定。其中2轮（图3-18）、3轮（2轮＋辅助轮，见图3-19）和4轮（图3-20）的轮胎移动形式是比较流行的。在移动机构中，因为车轮型移动机构的成本可以相对控制得比较低，所以经常应用于玩具等中。车轮型移动机构的缺点就是对地面落差的适应能力比较弱。

图3-18　2轮型机器人
轮胎驱动的机器人基本上较稳定，但如果仅有2轮则需要维持身体的平衡

图3-19　安装辅助轮后的3轮型机器人
变得更稳定，不需要维持身体平衡，减少了翻倒的风险，也可以节省电池消耗

图3-20　像汽车一样的4轮型机器人
稳定性高，不易翻倒，适用于比较高速的移动

Pepper采用的万向轮型移动机构和车轮型移动机构很相似，根据万向轮的旋转，可以在360°方向上自由移动。但是，Pepper也只能适应1.5～2cm的地面落差（图3-21）。

图3-21　万向轮
直立时很稳定，可以在360°方向上自由移动

对地面落差适应能力较强的是履带型移动机构，它能大大提高机器人在不平整地面的通过能力（图3-22）。

对地面落差适应能力更强的是4脚步行型和2脚（双足）步行型移动机构。4脚步行型移动机构的优势在于它的稳定性。静止站立时因为用4只脚支撑着，所以非常稳定。跨越有落差地面的时候，一只脚一只脚地抬起来移动的话，因为总有3只脚踩在地面上，所以摔倒的风险会降低。4脚步行在快速移动的时候不太稳定。想想狗和猫的步行应该就很容易懂，2只脚向前迈出时只剩下2只脚踩在地面上，那一瞬间就必须保持平衡（图3-23）。

图3-22　履带型移动机构
对地面落差的适应能力较强，在荒地上也能移动

图3-23　4脚步行型机器人
模仿狗和猫的运动方式进行移动的稳定度高，对地面落差的克服能力也强。抬起2脚
的时候会变得不稳定，这时需要保持平衡

最接近人类的是双足步行型机器人，是可以用2只脚站立或跳舞的机器人，Palmi、Robi、RoBoHoN、NAO等就是这种类型的机器人。

因为这类机器人即使站立状态都需要消耗电池电力以保持其平衡，所以电池消耗快。机器人步行时，抬起1只脚，只有1只脚着地，很难保持平衡（图3-24），而像走太空步那样，在尽量保持两只脚触地的状态下步行比较稳定。我们生活中的建筑物、通道、台阶等几乎所有设施都是按照人类容易使用的原则来设计制作的，因此要与人类共存的话仿人是最合理的风格，但是技术上有许多课题需要攻关。

图3-24 最不容易保持平衡的双足步行型机器人
仅仅站立着都要消耗电力，步行、跑步时更难保持平衡

3.8 最简单的小型机器人

最小的、构造简单的小型机器人之一就是"电脑鼠"。"电脑鼠"是一个竞技比赛的名称，也是参赛机器人中的一个种类。"电脑鼠"是在电脑印

制电路板上装载了车轮和电动机、电池等组成的，其形状更像一辆超小型的遥控小汽车。其与遥控车的不同点在于它能自主驾驶。

"电脑鼠"竞技是比赛电脑鼠从迷宫的起点到迷宫中央的终点所需要的时间。从起点到终点的路径有多条，哪条路径快，根据机器人的特性不同而不同。机器人首先要试走，一边解析迷宫的路线一边慢慢地行驶，以便掌握整个迷宫的情况。从第2次行驶开始，机器人要选择自己认为最合适的路线来不断取得行车时间上的优势。

迷宫是一个边长约3m的正方形（由16×16个边长为18cm的正方形方格组成），每个方格之间用高度为5cm的墙隔开。在迷宫内行驶时，"电脑鼠"需要自己通过传感器把握周围的状况，并用自己的"大脑"思考并解开迷宫的路线，从而快速顺畅地跑到终点（图3-25）。

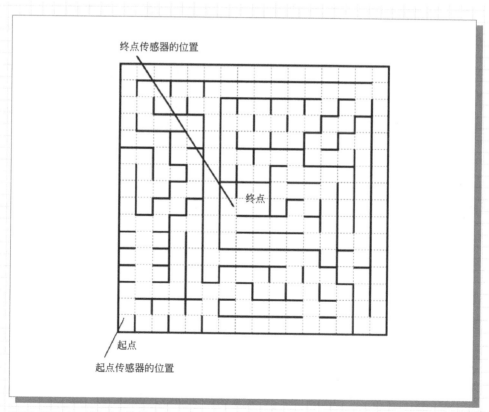

终点传感器的位置

终点

起点

起点传感器的位置

图3-25 "电脑鼠"的迷宫例子

　　在"电脑鼠"的竞技中，有高级人员参加的"专家级"，也有适合初级人员和入门人员参加的"新人级"。另外，随着技术的进步，"电脑鼠"也越来越小型化，在普通尺寸（即传统级别）以外还专门设置了半尺寸的级别，在这种级别的竞技中，迷宫和"电脑鼠"的尺寸都较传统级别要小（图3-26）。

图3-26　3种不同的"电脑鼠"（照片和信息由株式会社RT提供）
左边是Raspberry Pi "电脑鼠"（下节将详细介绍）、半尺寸"电脑鼠"，右边红色印制电路板是"电脑鼠"学习套件"Pi : Co Classic3"

　　"电脑鼠"竞技通常都是参赛人员自己进行组装，自己进行性能调试，也有直接使用市场上购买的"电脑鼠"来进行的单一品牌赛。驱动车轮转动的电动机有直流电动机、步进电动机。图3-27所示为"电脑鼠"竞技比赛的现场照片。

图3-27 "电脑鼠"竞技比赛的现场照片（照片由公益财团法人New Technology振兴财团提供）

机器人自身通过解析迷宫，计算并寻找最快的路径，最终以惊人的速度取得比赛的胜利

3.9 Raspberry Pi和机器人的最小组成

有一种主要运用在学校等中的教育用的单板机，叫 Raspberry Pi（树莓派）。单板机（单板计算机）是在一个计算机印制电路板上安装 CPU（中央处理器）和存储器、各种接口等的计算机。

"树莓派"的 CPU 中搭载了智能手机中常用的 ARM 处理器，和个人电脑相比，性能要差一些，但是同样的功能只需要一片很小的印制电路板就可以全部装载进去。

RT 公司就是使用这种"树莓派"单板机制作了 3.8 节中介绍的"电脑鼠"机器人 Raspberry Pi Mouse V2 产品。从紧凑、高性能的行驶机器人所搭载的零件和功能，可以看出个人电脑的功能被紧凑地装进了小小的印制电路板中，这是机器人基础技术和最小构成的例子（图 3-28）。

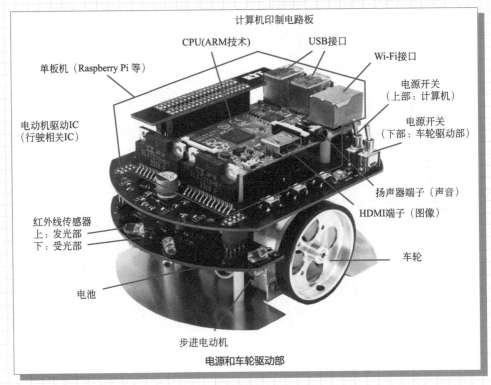

图 3-28 Raspberry Pi Mouse V2 完整套件的外观和零部件（株式会社 RT）

（1）单板机（大脑）

机器人搭载了世界范围内被广泛使用在教育等领域的Raspberry Pi，形式是"3B"或者"2B"等，和电脑主板一样配备了CPU、内存和各种接口，可以通过USB接口连接摄像头、传声器等来扩展功能。

（2）电源

机器人的上部（"大脑"部）和下部（车轮驱动部）设立相互独立的电源开关，使得各部分可单独通断电源，这样利于开发和维护时的事故预防。

（3）传感器（眼睛）

迷宫的解析和周围情况的探测都是靠机器人的"眼睛"——传感器来完成的。红外线传感器从发光部发出红外线，通过接收由障碍物反射回来的红外线来计算周围障碍物和机器人之间的距离，因此，发光部和接收部是成对装备的。这里发光部和接收部是隔着印制电路板上下配置的。红外线在家用电器的遥控器和手机的红外线通信等中也有使用。红外线无法被人眼看到，但能够被红外线摄像头和夜视摄像头等检知。

（4）电动机（脚）

车轮驱动部的中央位置放置电池，通过步进电动机带动车轮来移动。各车轮又配置了不同的电动机，从而通过驱动左右车轮中的任何一个来控制前进方向。

3.10　关节和伺服电动机

如上所述，"电脑鼠"是最小构成的机器人，"电脑鼠"上有车轮，但是并没有在中、大型机器人中大量使用的关节。对具有手臂形状的机器臂和人形机器人来说，关节的存在是很重要的。关节动作和车轮一样通过电动机来实现。那么，机器人关节中到底嵌入了什么样的电动机呢？

例如，图3-29所示的是"日本机器人周"活动中展示的THK机器臂，用到了6种8个促动器（电动机）。各关节在几个方向上能动，正如在

"1.4 工业机器臂和自由度"一节中介绍的那样，用自由度的数值来表达，自由度的数值越大，机器臂就越能顺畅地动作。

如前所述，促使关节弯曲、旋转的装置称为促动器，促使促动器动作的电动机称为伺服电动机。

"伺服"一词源于希腊语的"Servus"（奴隶），通常用于表达能够根据命令忠实地进行动作的意思。也就是说，为了区别于仅仅只会转动的电动机，把那种能够改变速度或者能够转动到指定位置或返回到指定位置的可以控制的电动机称为伺服电动机。

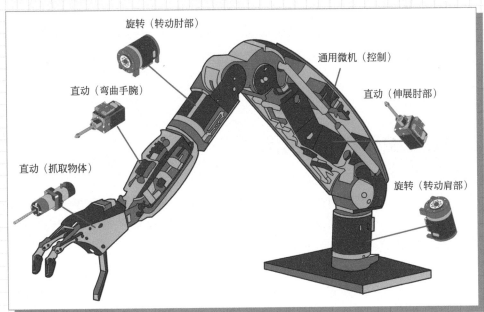

旋转（转动肘部）

通用微机（控制）

直动（弯曲手腕）

直动（伸展肘部）

直动（抓取物体）

旋转（转动肩部）

图 3-29 机器人中使用的机器臂
由 6 种 8 个促动器构成

由图3-29所示机器臂的关节我们可以知道，必须有旋转机构以及和肌肉一样能够伸缩的机构。电动机是旋转机构这一点大家都知道，但是伸缩是怎么实现的呢？如图3-30所示，利用电动机的转动力量通过使用螺栓轴和螺母来达到伸缩机构的功能。如此，促动器就有两类：旋转式促动器和直动式促动器。

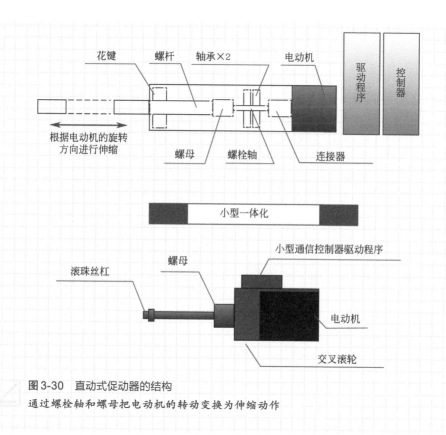

图 3-30　直动式促动器的结构
通过螺栓轴和螺母把电动机的转动变换为伸缩动作

3.11　机器人手指的构造及动作原理

与促动器组合，实现机器人的运转有多种方法。另外，根据机器人所需要的功能和性能不同，构造也会不同，电动机所需的性能也会发生变化。

例如，机器人的手指怎么动呢？Pepper这类对话机器人，手指张开

或合拢是为表达情绪而使用的，所以各手指需要独立地动作，但手指不需
要有很大的握紧力。所有的手指都通过连接线连接在一起，通过轴承把旋
转式促动器的转动力传递出去拉动连接线，从而将手指折叠起来形成"石
头"的形状（图3-31）；通过弹簧等的恢复力使得机器人的手回到"布"
的形状（标准状态），或倒转拉动其他的连接线使得机器人的手形成"布"
的形状（图3-32）。这样的机构使得一个促动器就可以控制机器人的手形
成"石头"和"布"的形状，但是，不能做到让某个特定的手指单独活动。

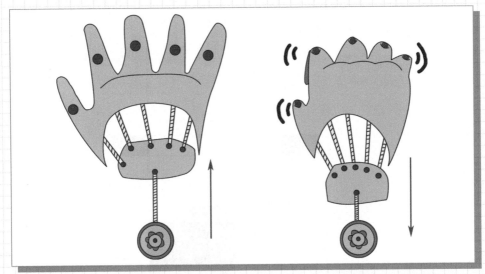

图3-31 把连接线放松形成"布"的形状，连接线收起则形成"石头"的形状的机构

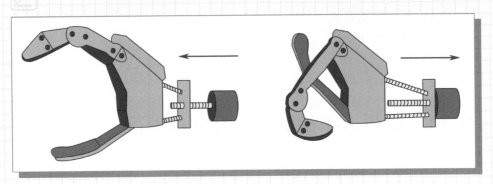

图3-32 使用直动式促动器的机构
电动机的旋转带动螺栓轴转动从而拉动联动装置，手指就收拢了

对于抓取、搬运物体的机器人（图3-33），则需要有一定程度的手指紧握力。例如，由直动式促动器和各手指通过联动装置或调节器等进行连接，可以通过滚珠丝杠（横向移动螺杆）的伸缩来控制手指的开合程度。另外采用这样的构造，可以制作出适合握拿物体的"硬关节"。在这个结构中，可以只使用一个促动器，但各手指不能独立动作。

图3-33　用机器人识别商品，在商品架上分门别类地排列展示（THK）

3.12　伺服电动机和扭矩

虽说都是机器人的手指，上述两种结构的工作目的和构造有很大的不同。除了构造之外，所需要的电动机的力量也是不一样的。就像卷线、举起瓶子的力量和将空罐捏碎所需力量不同一样，所需要的电动机的力量也需要改变。这种力量称为扭矩（或转矩、力矩）。伺服电动机也是控制扭矩的电动机，最大输出功率大（有力量）的电动机我们用"扭矩大"（高扭矩）等来表达。电动机制造商之所以要准备各种各样的产品，是因为市场需要尺寸大小和扭矩不同的各种各样的电动机。

扭矩的度量单位根据其用途的不同而不同，如工业上用到的扭矩单位和个人爱好上用到的扭矩单位不尽相同，而且厂商不同使用的扭矩单位也不相同。扭矩的国际单位使用N·m（牛·米），个人爱好上用的伺服电动机等（图3-34～图3-36）也会用到kgf·cm（千克力·厘米，1kgf = 9.80665N）作为单位（拧螺栓等时遇到的安装扭矩也用这个单位）。几千克力·厘米就意味着具有能够将几千克的物体向上提升1cm高度的能力。5kgf·cm的话，就是表示能将5kg的物体向上提升1cm高度。

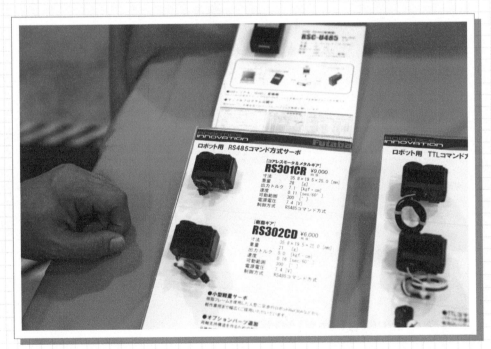

图3-34 个人机器人用的伺服电动机（双叶电子工业）
同样的尺寸有扭矩为5.0kgf·cm的RS302CR和扭矩为7.1kgf·cm的RS301CR两种

图 3-35　机器人上半身的手臂（肩部）嵌入了 RS302CR（扭矩为 5.0kgf·cm）

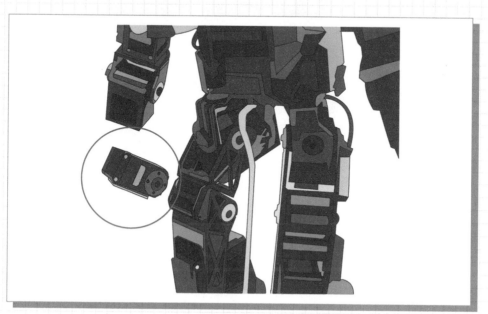

图 3-36　需要高扭矩的膝部嵌入了该方向的扭矩为 7.1kgf·cm 的 RS301CR

作为DeAgostini大受欢迎的商品而广为知名的人形机器人Robi，使用了20个伺服电动机（图3-37）。这20个电动机都是双叶电子工业制造的RS304MD（RS308MD）。虽然是一种公认的遥控用伺服电动机，但是实践也显示这种电动机也能用于Robi的脖子、手和通常负担较大的下半身。通过使用共同的零部件，可削减包括零部件管理在内的生产成本。另外，还有一个优点就是，由于Robi是组装式产品，即使用户错误安装了电动机，也不至于出问题。

图3-37　Robi中共使用了20个扭矩为5.0kgf·cm的RS304MD（RS308MD）伺服电动机（手臂上嵌入了该方向的伺服电动机）

3.13　伺服电动机结构

这里介绍的电动机是用干电池或蓄电池来驱动的伺服电动机。个人爱好型机器人和工业机器人大多数都是使用该类电动机。它设计简单，可以小型化。伺服电动机的结构见图3-38。

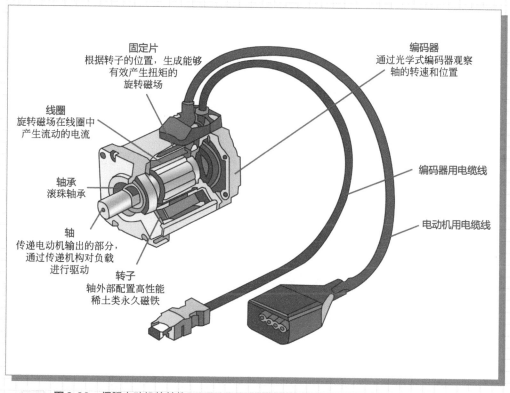

固定片
根据转子的位置，生成能够
有效产生扭矩的
旋转磁场

编码器
通过光学式编码器观察
轴的转速和位置

线圈
旋转磁场在线圈中
产生流动的电流

轴承
滚珠轴承

轴
传递电动机输出的部分，
通过传递机构对负载
进行驱动

转子
轴外部配置高性能
稀土类永久磁铁

编码器用电缆线

电动机用电缆线

图3-38　伺服电动机的结构

（参考：Orientalmotor https://www.orientalmotor.co.jp/tech/reference/servo_motor01/）

　　对于安装在机器人肩膀和肘部等地方的电动机，准确控制其停止位置非常重要。有这种功能的电动机称为有定位功能（定位控制）的电动机，其监控传感器机构称为编码器（旋转状态检出用的检知器）。

　　另外，也有使用步进电动机（脉冲电动机）的，如照相机的镜头机构中就有使用。步进电动机可以用输入的脉冲数来控制定位。

　　伺服电动机根据构造上的差异，分为有刷电动机和无刷电动机，有刷电动机随着使用时间的推移，内部配件会逐渐被磨损，而无刷电动机采用了不磨损内部配件的结构，因此无刷电动机的更耐用。但是，一般来说无刷电动机的价格也比较高。对于Pepper，其上半身采用了比较容易更换的有刷电动机，难以更换的下半身采用价格贵一些但不易磨损的、可靠性高的无刷电动机。

3.14　气压伺服马达和液压伺服马达

个人爱好型机器人中一般是使用伺服电动机，不过机器人除了使用电动机外，还常使用气压马达、液压马达。

气压是使用空气的压力来产生力量的方法，液压是使用液压油的压力来产生力量的方法。具体的方法有很多种，其中适用于学习的简单构造是"气缸方式"，其结构如下。

气缸或液压缸有的只有一个进出口（端口），这种情况下，注入空气或油（ON）则产生图3-39中B方向的力，抽出空气或油（OFF）则可以得到A方向的力，如图3-39和图3-40所示。

以前用气压或液压伺服马达对精密运动的控制比较困难，但是随着技术的发展，使用气压伺服马达或液压伺服马达实现精密动作的控制也将变得可能。

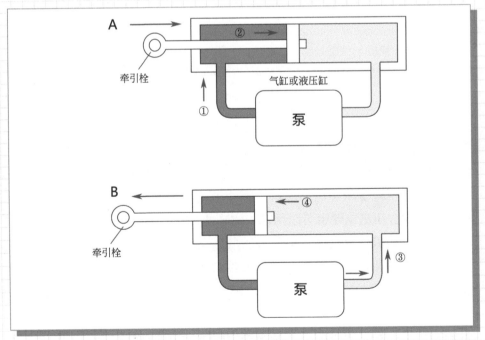

图3-39　当气缸或液压缸左侧充入空气或油时产生拉动牵引栓的力（A），当充入气缸或液压缸右侧时产生推动牵引栓的力（B）

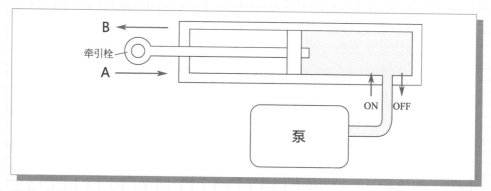

图3-40 当气缸或液压缸中充入空气或油液时产生推动牵引栓的力，当抽取空气或油时产生拉动牵引栓的力

开启/关闭空气或油的压力需要用到泵，泵有时也称为压缩机。泵和压缩机也有很多种类，本书不做详细介绍，留给专业人员去介绍，读者可以参考其他专业书籍。

与伺服电动机相比，气压和液压伺服马达的优点在于其扭矩大。特别是对于体型大的机器人，如果使用遥控车和个人爱好型机器人用的伺服电动机，力量就完全不够。

日本kokoro公司模仿真人大小的机器人Actroid就采用气压伺服马达（图3-41）。

图3-41 和人非常相像的Actroid机器人对宣传媒体的摄像机很感兴趣

它是和Sanrio（三丽鸥）同集团的企业kokoro公司开发的、用气压伺服马达来驱动的机器人

（1）气压伺服马达的特征

气压伺服马达可以让机器人做出脸上表情和嘴唇动作变化等流畅且实时的动作，和电动机比较，有发热少、驱动声音小的优点。但是，它会发出"噗斯噗斯"的吸气和排气的声音，这是使用压缩机在气缸内进行空气注入和抽取时发出的声音。这时，常在外部设置大型压缩机，这样机器人的移动范围就大大地被限制了（因为压缩机工作时声音大，活动会场会在离参观者较远的地方设置压缩机，用软管连接机器人，把温暖的空气送进气缸）。正因为如此，Actroid机器人能够做出很多实时的动作，但不能大范围地移动。

（2）液压伺服马达的特征

液压伺服马达使用由液压泵产生的液压进行驱动，经常用于推土机等工程机械的重型机臂中。其特点是能产生很大的力量（扭矩）。其缺点是由于漏油等故障会损伤机器人、污染周围环境，修复和清洗成本高等。

由日本机器人爱好团体水道桥重工开发的巨型装甲载人机器人KURATAS（图3-42），其身高约4m，就是采用液压伺服马达驱动的。装上了车轮的KURATAS和汽车一样在发动机上搭载了压缩机，由压缩机驱动液压泵进行运转（机器人本身内置了压缩机）。

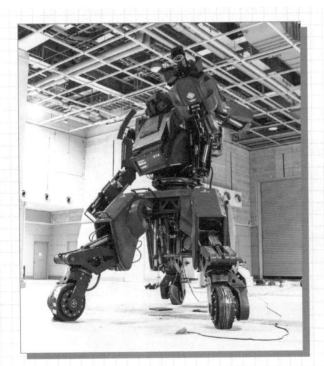

图3-42　水道桥重工（suidobashijuko.jp）开发的巨型机器人KURATAS

重约5t，身高3.8m，驱动方式是液压方式

3.15 机器人基础技术总结

下面我们来复习一下机器人基础技术吧！

（1）骨架

根据机器人的目的和用途（图3-43），骨骼和基本构造非常重要。是双足步行型还是车轮型？是静止放置型？人形？手臂有几根？动作需要达到什么样的精度？等等。

图3-43 机器人的外观由目的和用途决定
人形机器人和车形机器人能做的事情完全不同

（2）摄像头和传感器

机器人的"眼睛"是摄像头。它能辨识出是否有人在身边，谁在身边（图3-44）。

但是，机器人的"眼睛"不仅仅是摄像头，传感器也起到重要的作用。掌握墙壁、障碍物等周围的情况主要是传感器的作用。传感器发出电磁波，再通过反射回来的电波来检测周围的信息。红外线、超声波、激光这些电磁波的频率不同其特性也不同。

专业无人机和自动驾驶车中采用的激光传感器（RIDER），每秒向周围发射50万发以上的激光，以读取地形或掌握情况（图3-45）。

图3-44 摄像头可以有效地识别物体或检测是否有人存在

现在，在人的识别方面可以做到让一个机器人记忆并识别5～20人。与云AI相结合的话，它可以分辨出100人以上，将每个人的信息作为记忆都储存起来

图3-45 激光传感器每秒向周围或特定范围发射50万发以上的激光，实时检测周围的地形和障碍物以及其距离，称为LIDAR（laser imaging detection and ranging）

传感器是机器人用来把握自己身体的倾斜和振动（冲击）状况的装置，也称为惯性单元，有陀螺仪传感器（角速度传感器）和加速度传感器等。无论哪一种都在智能手机、游戏机、控制器等中有配置，可能大家都已经很熟悉。这些传感器技术很早就被开发出来了，而像如今这样普及，是因为称为MEMS（micro electro mechanical systems）的半导体制造技术得到了发展。简单地说，是机械机构和电子电路的一体化在一块印制线路板上得以实现的结果。印制线路板变得小型、便宜，所以可以在很多机器上装备。

传感器能检测出的倾斜包括偏航轴方向倾斜、俯仰轴方向倾斜和滚转轴方向倾斜，这些通常与飞机的倾斜相比较（图3-46）。

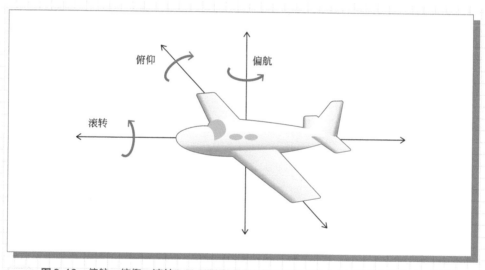

图3-46 偏航、俯仰、滚转

① 偏航轴：以上下方向为轴水平方向旋转（飞机机头左右摇摆）。
② 俯仰轴：以左右方向为轴上下方向旋转（飞机机头上下摇摆）。
③ 滚转轴：以前后方向为轴旋转（左右机翼上下摇摆）。

通过检测这些情况，机器人可以掌握自身的身体、脸、手脚等倾斜到何种程度。另外，机器人被撞或被敲打（被推）时候的冲击等也能被检测到。

关节部分内置了伺服机构，小型机器人使用伺服电动机，大型机器人也有使用气压伺服马达和液压伺服马达的情况。

（3）OS（操作系统）

就像电脑有Windows 10、Mac OS、Linux系列操作系统，智能手机有iOS和Android一样，机器人也需要操作系统。

软银机器人技术公司的Pepper使用了自己公司（以前的Aldebaran公司）开发的NAOqi OS。另外，夏普公司的机器人RoBoHoN和日本MJI公司开发的机器人Tapia等搭载了Android操作系统。

但是，机器人OS和电脑OS的定位有些不一样，下一章我们将详细介绍机器人OS。

第4章

机器人的控制软件及应用程序

4.1 机器人OS

机器人和计算机一样，以CPU（中央处理器）为中心进行思考或控制行动。

检测人的存在，看着对方的眼睛流畅地对话，伸出手去抓取塑料瓶，从传感器获得信息进而做出诸如平衡身体、移动、停止等动作，都需要各种各样的能力，对这些能力的控制都是通过软件来实现的。这种面向机器人的软件，比较知名的有ROS、NAOqi OS、V-Sido OS等。

这里列举的三个软件，都称为机器人OS（操作系统）。说到OS，就像前面所说的那样，对电脑很熟悉的人可以联想到Windows、Mac OS、Linux等软件，但是机器人和电脑还是有些不同，实际上"机器人OS"还没有明确的定义。

例如，ROS是robot operating system的简称，但是实际上它是机器人软件开发的框架，主要由开发用的库和工具构成。另外，ROS是世界上最大规模的机器人社区，各种机器人都支持ROS。NAOqi OS是在Pepper中也使用的OS，它是在Linux操作系统的基础上嵌入了NAOqi框架。V-Sido OS是控制机器人的软件，以Windows应用和电子基板上的程序等的形式来实现。虽然这些都是机器人OS，但其作用和范围有很大的不同。

这里以软件V-Sido OS为例来说明机器人操作系统（图4-1）。V-Sido OS是控制机器人的平衡和手脚的动作等的软件。例如，要让和人外形相近的机器人跳舞，因为机器人的手脚一动作，通常很快就会失去平衡而摔倒，而使用V-Sido OS则能够自动控制机器人的身体平衡，能够瞬间调整机器人的姿态使得机器人可以连贯地作出舞蹈动作。

操作系统的作用就是使机器人尽量正确地实现应该作的动作。操控用的机器人，应该尽量正确地作出符合操控者意图的动作；自主性机器人，应该尽量正确地实现机器人通过自身判断而给出的需要作的动作。像前面所说的那样，为了保持身体平衡，机器人对姿态的控制本来需要开发人员进行详细编程才能实现，但是如果机器人OS能够自动控制机器人的平衡，那么开发成本会大幅度降低。

图4-1 Asratec公司开发的V-Sido

它控制机器人娃娃关节部分的各伺服机构，并计算和控制平衡以使机器人按照用户的指令持续地舞蹈

另外，当机器人独处时，会做出一些类似人类和动物的举动，如怯生生地四处张望，时而叹息，或做出无所事事的样子，这个时候我们常会感觉机器人就像活着一样，是有生命的。Pepper将这种情景称为"自主生活"（Autonomous Life），在OS上可以用开/关（ON/OFF）来进行切换（图4-2）。OS上将开关置于开（ON）的时候，机器人无聊时候叹息、怯生生地四处张望、抬头看窗外天空等动作，可以让机器人"表演"出来，让人更能感觉其人性化、生物化的一面。但是，工作中机器人若表现出无聊的态度或举止就不太好，这时，应该将OS上的开关置于关（OFF）。

图4-2 抬头看着窗外天空的Pepper
与其说是机器人工作的时候，还不如说是机器人无所事事、空闲无聊的时候的一些举动更让我们感觉机器人就像活着一样，是有生命的

4.2　机器人控制软件V-Sido

　　机器人摔倒的话，有可能会导致其周围的人受伤或是机器人自身受到严重损伤。因此，机器人移动或手脚动作或跳舞的时候都要小心地保持身体平衡，防止跌倒。人单脚站立的时候也经常会有意识地弯弯膝盖、弯弯腰、张开双臂来保持自己身体的平衡，机器人也同样。

　　同时，当机器人被外部力量推动或是和什么障碍物相撞等导致姿势急剧变化时也要立即保持身体平衡，以防跌倒，此时的姿势控制很重要。当预测到要摔倒时，很有必要通过瞬间关闭关节处的电动机来防止冲击，进而减轻跌倒时的损伤（图4-3）。

　　如上所述这些都需要由软件来控制，对于Pepper这些是作为"自主"功能来实现的。

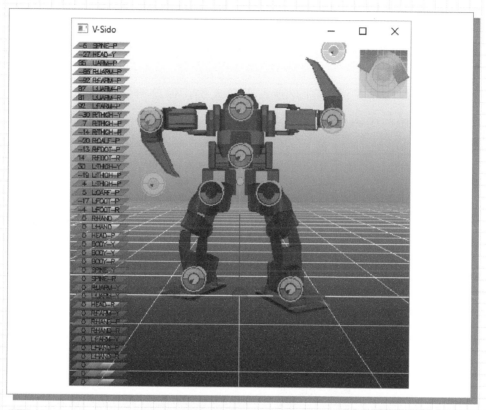

图4-3 用V-Sido进行姿势控制的例子

控制嵌入在关节上的伺服电动机，防止跌倒、保持平衡跳舞等通过比较简单的设定就可以实现

　　知名的机器人控制软件V-Sido，其最大的特点是不受机器人尺寸的影响，无论什么尺寸的机器人都可以应用该软件。身高60cm左右的机器人SE-01（佐川电子公司制造）、操作建筑机械和重型机械的机器人DOKAROBO（富士建公司制造）、外形和人几乎一模一样的机器人Actroid（kokoro公司制造）、身高4m多的巨型机器人KURATAS（水道桥重工公司制造）、变形金刚一样的变形机器人J-deite Quarter（BRAVE ROBOTICS公司制造）等都应用了V-Sido。V-Sido的使用和驱动机器人或在关节上使用的驱动机构的种类也没有关系，V-Sido既可控制电动机，也可控制气压伺服马达和液压伺服马达。

　　开发V-Sido的是软银集团的Asratec公司。

4.3　采访：V-Sido开发者吉崎航

在日本有许多优秀的机器人研究人员，但是开发机器人控制软件的技术人员并不太多，吉崎航先生就是机器人界知名的技术人员之一（图4-4）。

吉崎航先生就职于前面提到的Asratec公司，担任首席机器人创作师（chief robot creator）、V-Sido创案和开发项目组组长。该项目被日本经济产业省主导推进的"足迹未到领域IT人才发掘和培养事业"项目采用，吉崎航先生被日本经济产业省认定为"超级创造者"（super creator）。关于机器人控制，作者采访吉崎航先生时，吉崎航先生表达了如下心声。

因为受动画等的影响，从小就喜欢机器人。初中时候的自由研究的题目是"巨型机器人能实现到什么程度？"，自己制作了30～40cm的机器人，那时心里想："这个机器人如果放大10倍话会怎么样呢？"从那时就一直盘算巨型机器人的可实现性。

现在想起来虽然是挺幼稚的想法，但是高达18m的机器人用现在的技术制造还有难度，但我深信使用最新的技术，8m的机动警察理论上应该是可以行走的。那么技术上还有什么不足的地方吗？想来想去，最后得出了"机器人控制软件不够"的结论。

另外，看到机器人动画中的主人公，我想随着人的成长一般人会想："只用两根操纵杆就能操纵巨大机器人只是在

图4-4　在机器人控制软件领域代表日本的技术人员——吉崎航先生

孩提时代的梦想支撑着他研究机器人技术

动画世界里才有，现实世界是不可能有那样的事吧。"但是我不这么想，我一直有一种想法，就是"真的要用2根操纵杆来操控机器人的话怎么办才好呢？"从某种意义上说，实现对机器人进行控制的这种想法已经有了，这就是V-Sido的开始。

　　V-Sido一开始就以"不管什么样的机器人都能控制"为目标。后来实际上参与了从身高30cm的个人爱好型机器人的开发，到真人大小机器人的开发，现在又得到了控制4m级的机器人KURATAS的机会。此外，还做了能乘坐人的机器人J-deite RIDE的控制开发。这款机器人是一款能在机器人模式和汽车模式之间切换的全长约4m的变形机器人（图4-5）。V-Sido不仅能实现机器人模式和汽车模式之间的变形控制和机器人的控制，还能实现对汽车行驶时的控制。"

图4-5　身高约1.3 m的变形机器人J-deite Quarter
机器人在机器人模式时用2脚步行，在汽车模式时可以通过车轮行驶移动。能乘坐人的4m的J-deite RIDE正在开发进程中。图中人物是机器人创作师、BRAVE ROBOTICS公司代表石田贤司先生

　　有各种各样的方法来实现对机器人的操纵，这是V-Sido的一个特长（图4-6）。对于KURATAS机器人，不管是坐在操控座椅上操纵还是使用遥控器从外部操纵都可以。我们的基本想法是远程操纵，只不过坐在操控座椅上对机器人的操控是零距离远程操纵而已。

　　因此，您可以从远程进行各种操纵。您可以开发软件来实现用鼠标操纵，也可以用智能手机app进行操纵。此外，您还可以开发跟踪操纵软件，让机器人完成和人一模一样的动作，如果将我手头上的人偶摆出的姿势拍下来，通过跟踪操纵软件，可以让另一台机器人做出同样的姿势。

　　对于孩提时代的"用2根操纵杆能操控机器人吗？"的疑问，现在我的结论是："我确信用一个鼠标甚至是一根棍子都能操控机器人。"

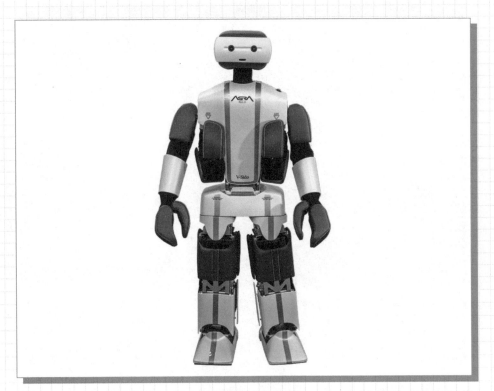

图4-6　为了简单易懂地介绍V-Sido的特长而开发的Asratec株式会社公司制造的概念模型机器人ASRA C1

它在日本NHK E频道电视节目《科学ZERO》中参演过，它的硬件框架以株式会社RT公司制造的RIC 90为基础模型

4.4 采访：RT公司中川友纪子

对以人形机器人和机器臂技术开发而著名的运营网上机器人商店的RT公司董事长中川友纪子女士（图4-7）进行了采访，中川女士对今后想从事机器人行业的读者给出了一些建议。

中川女士从研究人员开始，担任首位本田技研工业外聘的"ASIMO"项目运营官，在日本科学未来馆策划了双足步行机器人的一系列活动，并编写了相关安全指导书、PPT脚本等。2015年，中川女士入选由Robot Hub（日本国外机器人信息社区）评选的"世界机器人技术界知名25名女性"。

图4-7 RT公司董事长中川友纪子女士
一起拍摄的是RT公司吉祥物"猫店长"——以该公司的娱乐机器人RIC90为基础、用专用控制器和电脑进行操控、可步行和对话的机器人

中川：

对那些考虑与机器人一起生活的人来说，我想 DeAgostini 日本公司的 Robi 是再合适不过的机器人产品了，而且它还是一款能让你体验由临时工方式带来的乐趣的产品。

如果想轻松开始电子相关工作的话，可以选择轨道跟踪机器人等机器人工作套件（图4-8）。轨道跟踪机器人搭载红外线传感器，能沿着轨道运动（图4-9）。它不仅能沿着S形路线运动，还能沿着"8"字形路线等复杂的路线运动，而且很多时候不需要电脑编程等，这样您很快就能体验到操作机器人的乐趣。2000 ~ 3000 日元就可以买到。没有CPU也可以沿着轨道线路运动，我想也是反思"什么是智能？"这个问题的时候。智能不一定是和大脑联系在一起的事物，即使是轨道跟踪或者虫子爬行这样的简单动作，如果能让人类感受到是"聪明"的，那就可以称为智能。不知道大家有没有这样的感受？

图4-8 轨道跟踪机器人工作套件（Vstone公司制造）

图4-9 机器人沿着地面上的线移动
其他朝着手电筒等光源移动的机器人工作套件等也在市面上有售

如果您以机器人创作者和技术人员为目标，想学习技术的话，建议从"电脑鼠"开始。学习编程和传感器、硬件的基础技术，另外，通过参加一些竞技比赛来提高技术。

作为开发、学习、研究入门用的小型电脑有"树莓派"。"树莓派"在英国作为教学器材分发给中学生。在"树莓派"中计算机基础技术得到了充分应用，是学习机器人工程师基础知识的非常好的教学器材。"树莓派"在技术上采用以ARM为基础的微机，它的开发环境也都是全部公开的。这也是学习机器人开发中有名的基于Linux的ROS软件以及使用和制作周边装置控制软件设备驱动程序等的良好契机，同时还可以学习机器人的移动和图像处理等重要的技术要素。

刚才谈到了智能，要学习、体验人工智能和智能机器人，"电脑鼠"也是最合适的切入口。"电脑鼠"竞技是人工智能和微机技术相结合在现实世界中的具体应用，是作为教授人工智能的工具而开发出来的一种竞技比赛。探索迷宫最快到达终点的路径就是使用人工智能推导出来的。不仅仅是机器人行业，不少机械行业、电气装备行业的顶尖工程师也都有过使用"电脑鼠"的经历。

4.5 机器人的软件开发环境（SDK）

机器人用手和脚表达情感，用对话功能回答人类的提问、做些说明……通过编程，可以让机器人成为人们生活和商务的有益帮手。

正如本书第2章"机器人的应用"中所说的那样，商业活动中使用Pepper等机器人越来越多。

但是，不是什么机器人都可以通过编程来进行自由控制的，必须使用和机器人相适应的开发环境进行编程才行。很多用户开发人员想通过开发程序来活用购买的机器人产品，考虑到这一点，制造商或自己销售，或免费提供开发套件SDK（software development kit，软件开发套件）。用户开发人员使用SDK，可以通过编程实现控制机器人的动作。

　　但是，对于制造商没有提供SDK的，用户自己想要通过编程来让机器人动作几乎是不可能的。

Pepper的SDK和Choregraphe

　　开发了Pepper的软银机器人技术公司提供的SDK中包含了称为Choregraphe的开发软件（图4-10）。Choregraphe在Windows和Mac上安装后，通过拖拽登录了说话、听、挥手等命令的控件，对Pepper说的话用键盘输入后注册，就可以实现对Pepper的基本的动作控制（图4-11）。例如，机器人发现有人时（认知），Pepper搭话"你好"（说话），对方回答"你好"时（识别对方的说话并判断），Pepper举起右手（行动），并自我介绍"我的名字是Pepper"，这样一连串动作，只要花几十分钟进行编程就可以实现。而且Choregraphe的编程环境中有"虚拟机器人"的功能，使用这个功能即使没有Pepper机体，通过电脑屏幕上的虚拟机器人也可以进行动作的确认（图4-12）。

图4-10　软银机器人技术公司的开发者门户网站
Pepper商业应用多的原因之一是提供了SDK和开发环境

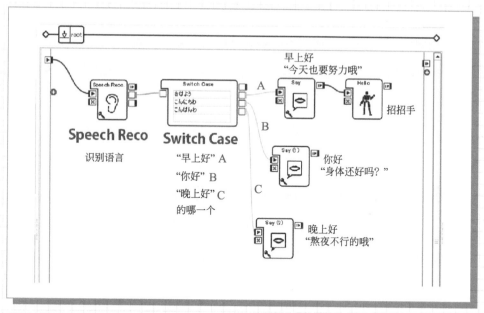

图4-11　Choregraphe的例子
识别对方语言，根据"早上好""你好""晚上好"，对Pepper的回答进行分别设定的
画面

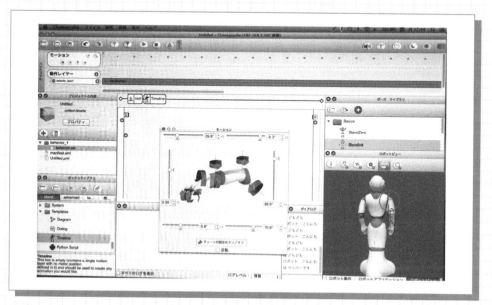

图4-12　有Pepper实体机的情况下，用户让Pepper动作并记忆下Pepper手臂的关节和
方向等的状态，然后对Pepper进行训练（画面右下角是虚拟机器人）

顺便说一下，Pepper还有一款兄妹机器人产品——小型的NAO，Choregraphe几乎可以共同控制Pepper和NAO这两种机器人。因此，可以两种机器人为对象进行软件开发（NAO是双足步行，Pepper是万向轮移动，硬件上多少会有差异，这一点必须考虑）。

4.6 机器人应用程序及应用商店

随着智能手机和平板电脑的普及，"应用程序"这个变成了人们经常使用的词汇。和智能手机、平板电脑的应用程序一样，用SDK为机器人开发的应用程序，称为机器人应用程序，也有人把机器人应用程序称为技能（对于机器人来说，会做的事情增加了，从这个意义上讲，称为技能也是比较合适的）。

和智能手机一样，通过下载安装机器人应用程序可以增加机器人的功能，还可以通过开发应用程序来做些别的事情。Pepper、RoBoHoN、PARLO等机器人，各自都有其专用的应用程序商店（RoBoHoN还提供会员专用网站），从应用程序商店里可以得到相应的机器人应用程序。

Pepper for Biz每月的租金中，提供了约8种工作用应用程序（图4-13）。除此之外，Pepper for Biz机器人应用市场中还有收费的机器人应用程序，企业可以根据自己的需求来购买使用（必须签订收费合同）。

（1）机器人应用及收费

想从事机器人应用开发事业的话，开发应用程序，经机器人生产厂商审查、上传到机器人应用程序商店后，部分用户即可以从应用程序商店下载使用，这样可以提高应用程序开发商的销售额。这和很多智能手机应用开发人员一样，他们通过将开发的应用程序上传到苹果公司的App Store来提高销售额。

图4-13　Pepper for Biz 的机器人应用程序商店
可以在这里选择专用应用程序，下载、签约后可以更好地使用 Pepper

但是，机器人市场还不成熟，机器人的销售台数还不是那么多，机器人应用程序商店中连导入了收费系统的机器人都还没有。

Pepper也还仅仅是实现了商务用机器人应用市场的收费，面向个人消费者的应用程序商店都还不能收费。

虽说如此，由于有许多优秀的机器人应用程序将会面世，可以想象对机器人需求也会逐渐增加，因此，机器人应用程序行业的繁荣也是指日可待的。

（2）面向开发人员的讲座和空间

机器人制造商为了培养开发人员，会举办各种各样的讲座和研讨会，并举行一些比赛来激发开发人员的积极性和活力。以软银机器人技术公司为例，他们面向开发人员提供"秋叶原工坊""卫星工坊"这样的开发者沙龙（图4-14）。

图4-14　Atelier秋叶原工坊的现场
想开发机器人应用程序的人们聚集在一起，可以交流信息、听讲座（需要预约）。没有Pepper的开发人员在这儿也能看到Pepper的实体机器

同时，设立"公认卫星"的制度，把可能从事Pepper机器人应用程序开发的人们聚集起来，让他们相互学习，或者在讲座中学习，发表、交流学习心得和成果；而且为了促进地区开发的活力，也举办了很多编程讲座

（专题研讨会），让初学者有机会接触或尝试机器人编程。

另外，作为体验Pepper for Biz的地方，在"秋叶原工坊"和一部分"卫星工坊"中，工作人员会一对一（一次以一家企业为对象）地介绍Pepper for Biz的特点及实际的应用演示等。

（3）比赛和"黑客松"

最近为了培养开发人员，各领域（不限于机器人领域）都在举办"黑客松"的活动。"黑客松"（hackathon）来源于"黑客"（hack）和"马拉松"（marathon）这两个词汇，"黑客松"是围绕着一个主题，在短时间内进行的从规划到演示、软件开发的一种比赛，由规划人员、各种设计师、程序员、教师、玩家等不同行业的人组成一个团体，通过这些人的分工合作来完成比赛项目（图4-15、图4-16）。例如，从星期六早上到星期天晚上（含通宵）进行成果评比的"黑客松"。

图4-15 "黑客松"比赛
"黑客松"是围绕一个主题和目的，多个小组在短时间内从创意到演示、开发进行的比赛，连续24～36h进行比赛的情况很多

图4-16　利用Pepper和IBM Watson的"黑客松"比赛现场

第**5**章

各种各样的机器人

5.1 Robi

开辟了沟通用机器人热潮、取得惊人销售业绩的是2013年发售的 DeAgostini公司开发的机器人 Robi。

机器人 Robi（图5-1）是以周刊杂志——《周刊Robi》的形式上市的，每期附录中都附带有机器人的零部件，将全部零部件凑齐之后组装起来，读者就可以完成自己的机器人。要完成机器人大约要花一年半的时间，花费15万日元左右的费用。继2013年初版之后，2014年再次发行，2015年发行第三版，是DeAgostini公司最具人气商品。

Robi大受欢迎的理由有以下几个。第一个理由是它采用附带可组装零部件杂志的形式，用户通过长达一年半的时间，组装出机器人，这样可以体验到机器人完成时的那种成就感。《周刊Robi》中介绍了机器人的结构和伺服电动机等的相关知识，真的只需要一把螺丝刀（随刊物附送），就可以让客户学习到如何亲手组装真正的机器人。最后一期的零部件是保存有机器人动作数据的SD卡（Robi的"心脏"）。Robi的功能都被记录在Robi的"心脏"中，把Robi的"心脏"装入Robi的身体里启动机器，Robi就可以说话了。

第二个理由是其设计。Robi的设计师是高桥智隆先生，他担任ROBO GARAGE公司董事长、东京大学尖端科学技术研究中心特别准教授，他也是世界知名机器人创作师（图5-2）。高桥先生亲自动手创作的作品除了松下公司广告中的EVOLTA广为人知以外，还有双足行走机器人 Chroino，Chroino被美国《TIME》杂志赞为"Coolest Inventions 2004"（2004年最酷发明）。《科技新时代》杂志更将他选为"将改变未来的33人"之一。高桥先生在开发Robi的时候曾说："机器人不是使用完之后放进箱子保存的东西，而是要以融入生活成为家庭的一员为目标，不要太帅，也不要太可爱，保持平衡即可。也不需精确地处理工作，而是要展现出其人性化和惰性的一面。"

图5-1　机器人Robi的全身
其身长约34cm，体重约1kg。将《周刊Robi》全部70期的零部件组装起来即可完成。
仅仅需要一把螺丝刀就能完成其组装的人性化设计是其特点之一

图5-2　机器人创作师高桥智隆先生
照片所示的是"Contents东京"活动中高桥先生在DeAgostini公司展位演讲的情景

第三个理由是Robi的声音与动作很可爱。Robi的声音没有采用电脑合成数字语音，而是由为电视动画《ONE PIECE》(《海贼王》)中的乔巴和《Pocket Monster》(《精灵宝可梦》)中的皮卡丘配音而广泛知名的大谷育江女士负责配音。和Robi的对话也十分讲究。开发时，和Robi的对话不是采用用户命令的形式，而是为了更容易亲近且把Robi当作自己的伙伴，让Robi能识别生活中常使用的口语化语言。例如，表达让Robi前进时不是采用"Robi，前进！"的说法，而是说"Robi，来这儿"。

Robi只有简单的对话和舞蹈功能（图5-3、图5-4）。没有Wi-Fi功能，也不能与云平台进行通信。"实用吗？"也许不能这样说，但是，没有必要否定它，Robi的魅力不在于其功能，而在于人与Robi在一起的感受。

图5-3 Robi跳舞、做俯卧撑，以娱乐用户

图5-4　Robi侧面的外观也非常漂亮

5.2　PARLO/Palmi

　　PALRO是全长约40cm、重约1.8 kg、能歌善舞的沟通交流用机器人（图5-5）。它是由富士软件开发的。

　　2010年3月其面向大学和研究机构的"学术版"开始销售，2012年6月开始作为商业系列之一的面向老年福利院的版本开始销售，截至2016年5月已经有330家以上的福利院导入了该机器人。

　　这款机器人的主要工作是主持。福利院里通常设置了娱乐时间，如做健康体操、活动身体、合唱歌曲、演奏乐器、书法和瑜伽等。由于PALRO擅长猜谜、唱歌、跳舞、体操、游戏、单口相声、占卜等，在娱乐时间内，PALRO可以对日常护理进行宣传，或者和老人们一起做体操，等等（图5-6）。对福利院来说，虽然看护和帮助设施使用人员的工作人员

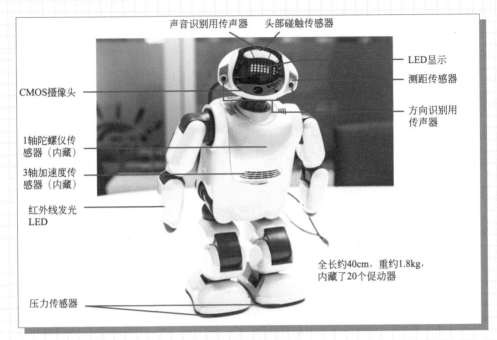

声音识别用传声器　头部碰触传感器

LED显示

测距传感器

方向识别用
传声器

CMOS摄像头

1轴陀螺仪传
感器（内藏）

3轴加速度传
感器（内藏）

红外线发光
LED

压力传感器

全长约40cm，重约1.8kg，
内藏了20个促动器

图5-5　富士软件的对话机器人PALRO的放松状态

站着也能看出膝盖弯曲、脚叠起来，这种姿势可以减少电力消耗，也可以减轻伺服电
动机的负荷

图5-6　PALRO的活跃场所是福利院（照片由富士软件提供）

通过主持娱乐活动和与老年人对话，预防老年人的阿尔茨海默病和抑郁症

的配置还是保持不变，但由于PALRO的导入，每次娱乐时间的内容不需要全部由工作人员来参与，可以较大幅度减轻工作人员的负担，使得他们有更多的时间来做其他更重要的事情。在工作人员不足的社会福利看护行业中，期待机器人得到更广泛的应用。

另外，PALRO有能记忆100个以上人的相貌和名字的功能，通过和机器人使用人员进行对话，它会记忆各使用人员有什么爱好、喜欢什么运动、喜欢吃什么食物等内容。

另有一款和PALRO外表几乎一样的、面向普通消费者的机器人叫Palmi，它是由DMM. make ROBOTS公司发售的（图5-7）。其硬件是富士软件开发的兄弟机，而软件不是针对福利院用的，而是面向普通消费者的。它是用Wi-Fi连接到网络的对话机器人。

图5-7　DMM.make ROBOTS公司发售的机器人Palmi（http : //robots.dmm.com/robot/palmi）

机体价格为298000日元（不含税）

5.3 OHaNAS

　　Takara Tomy公司作为玩具制造厂商，很早以前就致力于机器人的研发。最初发售Omnibot是在30多年前，从那以后作为Omnibot系列，该公司不断地研发和发售新的机器人玩具。

　　OHaNAS是该公司在2015年10月发售的沟通交流用机器人，它能够告诉用户新闻、天气等实时信息，也能回答用户的提问，或者和用户一起讨论晚饭的菜单，或者温和地和用户开玩笑，也能成为用户简单的聊天对象（图5-8）。只是，它没有运动部分，因此，是否应该称为机器人，这也是一个有争论、有分歧的地方。

图5-8　Takara Tomy公司的OHaNAS（http：//www.takaratomy.co.jp/products/
omnibot/ohanas/）
其名字由来：它能和家庭成员"聊天"（ohanasi），所以取"聊天"的日语发音作为其
名。机体价格为19800日元（不含税）

　　OHaNAS通过蓝牙与智能手机、平板电脑进行通信，用户和OHaNAS的对话都是经由智能手机等由互联网上的云平台来进行处理的（图5-9）。对话的处理使用了NTTDoCoMo公司的智能手机应用程序

"对话传达员"使用的"自然对话平台"（因此，在发售的时候也受到了机器人业界和商业界的关注）。

图5-9　和OHaNAS的对话可以通过智能手机来体验（http : //www.takaratomy.co.jp/products/omnibot/ohanas/）

　　在理解说话意图的"意图解释引擎"和使机器人按照预先设定好的"剧本"来进行一问一答形式对话的"剧本对话引擎"的基础上，新加入了"文章正规化功能"（把各种各样的说法转换成正规的说法以便理解的功能）和"外部内容联动功能"（参考天气预报和气温等外部信息，在对话中自然嵌入等的功能）。另外，也有与Cookpad食谱（译者注：日本最大食谱网站）和GURUNAVI网站的联动功能。

　　关于该机器人用户情况，向Takara Tomy公司咨询的结果显示，因为需要智能手机等配套使用，和其他机器人及玩具有些不同，OHaNAS的使用者男女比例为64 ： 36，男性居多。从年龄来看的话，孩子约占20%，

50岁以上成人约占50%。通常购买玩具的是大人，使用玩具的是孩子，而OHaNAS的情况则是使用的是老人，主要是成年子女们与父母分开生活，子女们购买OHaNAS送给父母用于陪伴。

　　OHaNAS刚"出道"的时候其实也是很艰辛的。当然有用户对该机器人产品期望过高的因素，刚发售的时候，用户反映"对话识别难""机器人听不懂我说话"等等。Takara Tomy公司和NTTDoCoMo公司真诚地接受了这些意见，技术人员们积极地改善系统。对于机器人来说，用户和传声器的位置与智能手机的有很大不同，因此，周围噪声对机器人听取对话造成了非常大的影响，这一影响大大超出了开发团队当初的预想。

　　技术人员进一步强化降噪功能，增强其抗噪能力，提高与用户对话的精度，并更新了系统，OHaNAS的对话识别率得到了大幅度提升。根据生产商的统计，发售初期的识别率为67% ～ 68%，系统改善后达到了92% ～ 93%。

　　2016年5月，NTTDoCoMo公司在OHaNAS的基础上发布了名为"商务谈话机器人"的商用可定制的机器人（图5-10）。用户以本公司的商品等相关内容为主题进行剧本制作，事先将制作好的剧本追加到机器人的自然对话平台中，将机器人放置在店内等地方进行商品或宣传活动的说明、迎客或者进行辅助业务接待等，与此相类似的各种各样的灵活使用机器人的方法还有很多（登录剧本需要支付初期费用和每月使用费）。

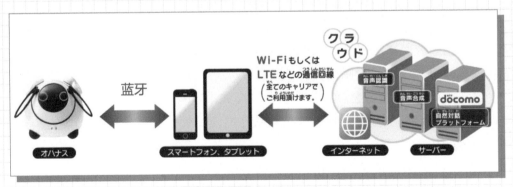

图5-10　OHaNAS通过智能手机和互联网与对话服务器连接，利用NTTDoCoMo公司的技术来实现自然语言对话（http：//www.takaratomy.co.jp/products/omnibot/ohanas/）

5.4 Tapia

Tapia是日本企业MJI公司开发的于2016年发售的桌面型对话机器人。DMM.make ROBOTS公司也有销售，售价为98000日元（不含税）。Tapia是高245mm、宽210mm、重约3kg、白色、外形酷似鸡蛋的可爱的机器人（图5-11）。Tapia上半部分的朝向以及上下位置是可以调节的，当Tapia感觉到人的气息时，上半部分会向四周转动，以识别感知到的人是谁。

图5-11 机器人Tapia全貌
白色蛋形身体上镶嵌着表情丰富的脸（触摸屏）的"女子"，上下方向可转动30°，左右方向可转动175°，改变脸的朝向可以调整机器人的视野

Tapia机器人的主要用途大致有三个。

第一个用途是"守护"。在与子女分开生活的父母的家中设置机器人Tapia的话，子女们可以通过智能手机和Tapia与父母进行视频通话（图5-12）。另外，如果一定时间内Tapia没有收到任何应答信息，Tapia会给相关的家人的智能手机发送通知消息，或是家人可以通过监控了解整个房间的情况，以确认自己的亲人是否平安。

图5-12　拍照片和视频通话时对方的图像显示在液晶屏上

第二个用途是"生活辅助"。对于视频通话、摄影、日程管理、新闻朗读等，用声音就可以对机器人进行指示、操作。将来，作为面向智能家具的IoT（物联网）设备，对Tapia发出指示就可以改变照明的亮度，可以打开或关闭电视，或者是调节电视机音量，等等。

第三个用途是"对话"。搭载了情感表现和好感度系统的对话器提高了机器人的交流能力，同时也具备了人工智能的学习功能。

要使用Tapia的"守护"功能，必须配套使用智能手机和Tapia应用程序。图5-13所示为Tapia的后背上所设置的接口。

在豪斯登堡（HUIS TEN BOSCH）的"奇怪餐厅"里也使用了Tapia（图5-14）。餐厅里所有的桌子上都配备了Tapia机器人，通过机器人和来店的客人进行对话，客人可以了解诸如"今天店内活动情况""用餐时间"等信息。另外，机器人和"奇怪餐厅"的座位管理系统进行联动，可以通知座位管理系统"客户到座""客人离席清扫"等信息。

图5-13 打开Tapia背后的盖子可以看到有3个接口：Micro SIM、Micro SD和Micro USB接口

图5-14 豪斯登堡的"奇怪餐厅"里，Tapia在餐桌上接待客人（照片由MJI公司和豪斯登堡提供）

顺便提一句，Tapia使用的虽然是Android系统，但一般智能手机用的Android应用程序在Tapia上是不能使用的。

5.5　NAO

NAO是软银机器人技术公司制造的机器人（图5-15）。它是身高58cm、重5.4kg的双足步行机器人。它的系统和Pepper一样都是NAOqi，也和Pepper使用相同的开发环境SDK，在Choregraphe下都可以开发应用程序。NAO主要用于大学里的机器人工程等的学习中，还用于研究机构中。近几年，由于受机器人热潮的影响，也由于NAO和Pepper使用相同的开发环境，其也开始被应用在银行、主题公园、酒店、铁路公司等中作为组织接待或者在商务环境中作为门卫。

和Pepper一样，NAO也具有对话器、情感识别器和进行类生物行为的自主生命功能等。其内置小型摄像头、扬声器、传感器等，还安装了4个指向性较强的传声器用于确定声源的位置。它的脖子、腰、脚和脚踝处采用金属齿轮进行强化，以达到静音的效果。

图5-15　支持多国语言的NAO在外国游客入境处也得到应用

和Pepper不同的是，NAO较矮，有2条腿，能够步行，具备更好的舞蹈表现力等（图5-16）。NAO的每只手只有三根手指，比Pepper少，拿东西时手的握紧力量不够。虽然可采用电源驱动和电池驱动，但是即使电池充满电也只能维持NAO运转60～90min。NAO的续航时间比Pepper（Pepper的续航时间为12h以上）短的原因是：NAO为小型机器人，电池容量很小，而且NAO又是双足步行，电力消耗比较大。

图5-16　NAO会单脚站立等，发挥人形机器人特长的舞姿和姿势的机器人NAO，和Pepper具有相同的开发环境，使用Choregraphe能进行开发

在欧洲开发、主要也在欧洲使用的NAO，由Aldebaran公司制造。Aldebaran公司总部位于巴黎，是一家著名的从事机器人开发和销售的公司，在2005年由Bruno Maisonnier成立，在法国、中国、日本、美国设有分支机构。在发布Pepper的期间，Aldebaran公司成为软银集团旗下企业，2016年5月，公司更名为软银机器人技术欧洲分公司，因此，Aldebaran这一公司名称实际上已经不存在了。

Aldebaran公司研发了3种机器人，分别是真人大小的人形机器人
ROMEO（罗密欧，图5-17）、以朱丽叶为开发代码秘密进行商品化的
Pepper和小型机器人NAO。NAO是Aldebaran公司生产的第一款双足
步行机器人，从2006年第一代NAO开发以来，在全世界约70个国家作
为研究和教育用的平台已使用了5000多台。在世界性的机器人比赛"机器
人世界杯"中，从RoboCup 2008开始使用NAO作为标准平台。

图5-17　身高140cm的人形机器人ROMEO（图片来自ROMEO项目主页）
巴黎市和周边地区的5家民间企业、7家研究机构，他们提供经费［包括补助金等总额
1000万欧元（约合13亿日元）］和人员使得ROMEO项目得以启动，开发出了为老年
人、轻度阿尔茨海默病患者、视觉障碍人员等提供生活帮助的机器人

现在最新一代NAO是第五代，称为"NAO EVOLUTION"（图5-18）。

图5-18　三菱东京UFJ集团在其东京成田机场分店设置NAO进行了试验（和IBM Watson日语版进行联动）

试验目的是验证机器人能否用英语、汉语等日语以外的语言向外国游客提供业务服务。另外，在CEATEC 2016展示会中作为参考，展出了利用深度学习的机器人和投资图表模式分析等进行联动的技术

5.6　Sota

Sota是能通过对话和手势与人进行交流的身高28cm的桌面型机器人（图5-19）。

图5-19 秋叶原的门店"机器人中心"里Sota在迎接客人
Vstone公司不仅仅从事机器人的开发，还从事机器人的销售

　　其身体1轴、手臂2轴（×2）、脖子3轴，共计8个自由度；采用AC适配器进行驱动，不带电池；可以通过额头的摄像头拍摄静止画面和视频，也可以给它加载识别人的功能；带有Wi-Fi和蓝牙（图5-20）。与云平台联动的话，可以考虑在接待、向导、商品介绍、演示、问卷收集、翻译等应用和服务方面进行进一步的实用化。

　　Sota之所以被关注是因为：它是由大阪大学研究生院基础工学研究科石黑浩教授和吉川雄一郎准教授在JST（Japan Science and Technology Agency，日本科学技术振兴机构）主导的战略性创造研究推进事业（ERATO）的名为"石黑仿人机器人互动项目"的项目中共同研制的机器人。在项目记者发布会上，他们和大阪的创业公司Vstone共同宣告：他们开发了能够进行社会性对话的机器人CommU和Sota；通过先实现机器人和机器人的相互对话，进而引入机器人和人的对话，使得原本对机器人来说难以实现的"由人参与对话的感觉"（对话感）得以实现，这两款机器人就是能让人感觉到"对话感"的机器人；Sota是由机器人创作师高桥智隆先生亲自设计的。

　　另外，NTT使用Sota开发了云端机器人服务，2016年8月以护理业从业者为主要客户群体发布了Robot Connect等机器人云服务，这些云服务会在老年人交流中得到大规模应用。这些云服务使用了NTT集团的语音识别和合成技术corevo。

在面向开发人员的开发环境里，提供了编程软件Vstone Magic，可以较容易地进行应用程序和系统的开发，因此，可以预见Sota今后会在更多领域得到应用。

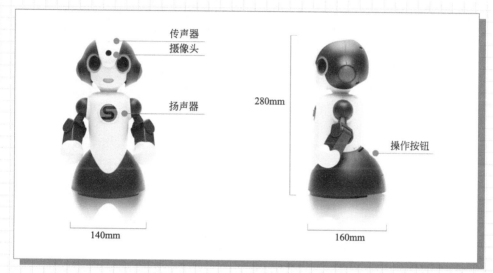

图5-20 Sota除了搭载了传声器、扬声器以外，还搭载了摄像头、Wi-Fi、蓝牙、2个USB等，用眼睛的颜色（LED）来表示其状态和情感。Sota的手只有一种状态，即"石头"的状态

5.7 RoBoHoN

RoBoHoN是夏普公司开发的机器人型的手机，从功能上来看它也是高性能机器人，但是生产厂商却只把RoBoHoN作为智能手机来宣传。

RoBoHoN（图5-21）身高约19.5cm，体重约390g，作为精巧的双足行走机器人是非常紧凑的，旅行和外出时也方便携带。它搭载了9轴传感器（包含测量加速度、地磁场、陀螺仪各3轴）和照度传感器，还配备了GPS；背上内置了显示器，可以进行触摸操作。另外，它还有一个特点，就是搭载了高清（像素1280×720）的投影仪，拍摄的照片、视频、游戏画面等可以通过该投影仪进行显示（图5-22）。和智能手机一样，RoBoHoN支持手机3G/LTE信号、Wi-Fi、蓝牙。根据该公司统计，RoBoHoN的电池在充满电时续航时间能长达24h以上。

图5-21 RoBoHoN全貌、前后（照片拍摄得到Robot Start株式会社支持）

图5-22 RoBoHoN正在使用投影仪

RoBoHoN的设计由机器人创作师高桥智隆先生负责（图5-23）。紧凑的机器人身体里搭载了13个新开发的伺服电动机——"R伺服"，使得RoBoHoN可以单手提起250g的砝码（图5-24~图5-27）。同时，通过搭载非接触式的电位器和无刷电动机，采用能进一步释放力道、避免碰撞破损的离合器（扭矩限制器）机构，进一步提高了其耐久性。更为奇妙的是，虽然RoBoHoN内部塞满了零部件，但RoBoHoN还有如此苗条的身姿（图5-28）。

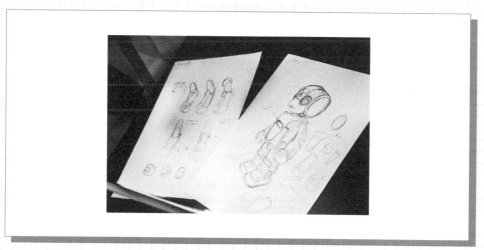

图5-23　高桥智隆先生在RoBoHoN制作阶段的手绘草图

图5-24　RoBoHoN中新开发的伺服电动机——"R伺服"（图片来自官方网站）

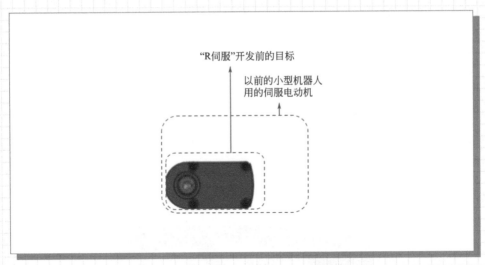

图5-25 作为开发阶段设定的目标尺寸，较以前的小型机器人的关节处使用的伺服电动机体积减小25%，最终实际减小了23%，成功实现了小型化（图片来自官方网站）

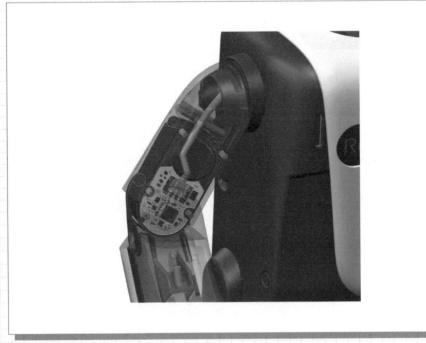

图5-26 "R伺服"嵌入在RoBoHoN里（图片来自官方网站）

图5-27　专用伺服电动机使得RoBoHoN单手能提起250g的砝码（图片来自官方网站）

图5-28　珍贵的RoBoHoN半身骨架模型（非卖品）

在展示会或者活动时偶尔可以看到，由此可以看出在RoBoHoN紧凑的身体里布满了
小零部件

RoBoHoN的价格为198000日元（不含税），除此之外必须加入月租费为980日元的"心计划"套餐（使用除语音通话外功能的月租费），其他智能手机用SIM卡需要另外计费；还提供包含"心计划"套餐和SIM卡使用费在内的"心移动"套餐（月租费2480日元）。

RoBoHoN在语音识别的准确度、动作的精密度和可爱程度等方面，深得人们的赞赏和好评，是一款非常符合那些想与机器人一起生活的用户的需求的产品。虽然RoBoHoN的软件更新和应用程序的追加都非常频繁，但是对一般用户来说更关心是否发布更多的有魅力的应用程序或提供更方便的功能。

今后RoBoHoN在商业应用中的发展也将更为人们所期待，在接待和门卫等领域有比较大的发展空间（最值得关注的可能是在防盗方面）。

夏普公司建立了"RoBoHoN认证开发合作伙伴制度"，主要出发点是促进RoBoHoN的商务利用。通过认证考试的开发人员除了能得到SDK及其技术支持外，还享有开发环境的先行公开、夏普公司应用程序的开发委托及项目介绍以及开发的应用程序和系统的促销支持等权利。

5.8　Unibo

Unibo是创业公司UniRobot公司开发的身高约32cm的沟通交流用机器人（图5-29）。

在其脖子（2轴）和胳膊上内置伺服电动机，可以改变脸的朝向，可以上下摇动手腕来表达情感或摆出各种姿势，但Unibo不能移动。

其脸部由7in的液晶显示器来表示表情的改变（图5-30）。虽然是触摸屏式的，但和用户的交流都是基于对话来完成的，几乎不需使用触摸屏进行操作。触摸屏上显示拍摄的照片、天气预报的插图、推荐的用餐照片等（图5-31）。

碰触传感器设置在头和脚掌上，另外还装备着照度传感器和红外线传感器。

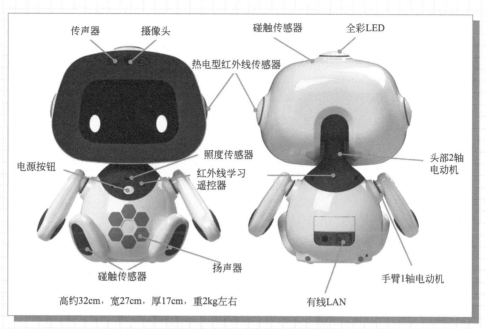

传声器　　摄像头　　　　碰触传感器　　全彩LED

热电型红外线传感器

电源按钮

照度传感器

红外线学习
遥控器

头部2轴
电动机

碰触传感器　　扬声器

有线LAN

手臂1轴电动机

高约32cm，宽27cm，厚17cm，重2kg左右

图 5-29　Unibo外观和传感器、接口类的数量与配置

图 5-30　Unibo表情丰富

时而"咯咯"地笑，时而流眼泪

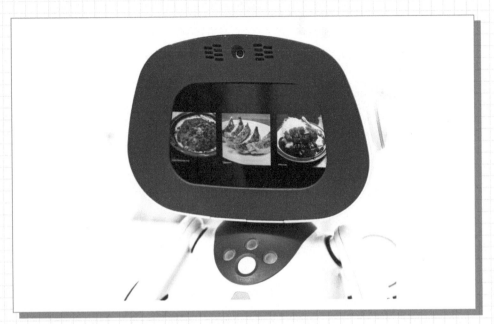

图 5-31　推荐中饭或晚饭（方案）

　　如图 5-32 所示，可以方便地卸下 Unibo 手臂。

　　Unibo 的销售版本有：面向一般人员的销售版本；面向企业的销售版本；面向开发人员的销售版本。无论哪个版本硬件都是相同的，系统都是 Android 系统，只是搭载的应用程序和服务不尽相同。面向应用程序开发人员的版本提供 SDK，使用其提供的 SDK 只要进行拖拽就可简单地完成编程。另外还开通了应用程序商店 "Unibo Store"，开发的 Unibo 机器人应用程序可以在应用程序商店中进行登记或销售。

　　Unibo 的特点在于它更贴近人，更能理解人的兴趣。它在对话的分析和理解上，使用了作为 AI 技术之一的 "深度学习"。

　　根据该公司的主页，Unibo 可以完成 "家庭管家"（记录全体家庭成员身上发生的事情，随时可以作为会议进行访问）、"膳食建议" "食谱传授" "旅行计划" 等工作。另外，因为 Unibo 有远距离视频通话、拍摄照片等功能，在与子女分开生活的老年人家里设置 Unibo，子女们可以用智能手机和 Unibo 来与老人进行视频通话。

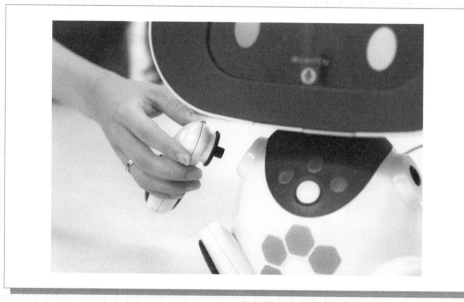

图5-32　出于安全考虑，当手臂被拉拽时，可以方便地卸下手臂

在医疗方面，我们希望这些功能在服药管理（告诉患者服药时间，或者将患者已服药的事情告知家人或医疗机构等）和通过与护士或医生视频通话来完成病情确认或问诊等方面有更多的应用。

另外，Unibo的SDK开发环境也以提供孩子可使用的简单接口（操作方法）为目标，主要想法是录入想要的对话、随着音乐共舞等，将机器人和编程的乐趣在教育中发挥出来。

Unibo在价格方面，面向一般人员的机体价格为99800日元，月租金为5000日元（对话功能等的云使用费）。面向企业用户提供多种形式的套餐，如签约12个月，机体价格为150000日元，每月租金为13000日元；签约24个月，机体价格为0日元，每月租金为20500日元等。

5.9　Geminoid、Otonanoid和Kodomonoid

对接近人的机器人进行开发和研究的领域，称为Humanoid或

Android。Humanoid是由英语单词的"human"和"oid"（意为……一样的东西）组成，Android是由希腊语中"andro"（意为人，男性）和"oid"组成，从词源上来讲可以说两个词汇是同义词。作为Humanoid研究的第一人，大阪大学的石黑浩教授（智能机器人学研究室）非常知名，电视上大家熟悉的电视节目"松子机器人"也是石黑先生参与编制的一档节目。

（1）Geminoid

石黑研究室和ART（国际电气通信基础技术研究所）的IRC智能机器人技术研究所共同研发的人形机器人Geminoid F很知名[1]。Geminoid F又通称为"南"，"南"是2012年11月在高岛屋大阪店（大阪市中央区）首次公开的人形（女性）机器人（图5-33）。初次公开的时候，"南"对在触摸屏上输入的问题进行了回答，它制作精巧的肌肤质感非常真实，周围的很多人对此感到惊讶。而且，人通过远程操作可以让"南"移动并与"南"进行对话。"你好，我叫南，感谢今天的到来，经常来高岛屋吗？"2013年5月"南"再次登临高岛屋的时候，增加了声音识别功能，来店参观的人们非常享受和机器人的对话。和石黑浩教授本人长得一模一样的Geminoid HI的开发也备受关注。大阪大学开发的HI-4是远程操作型机器人（图5-34），采用由压缩机驱动的16个气压伺服马达实现了16自由度（头部12自由度，身体4自由度）。石黑浩教授开发人形机器人的理由是："不仅仅要使用像机器人的机器人，还要使用像人的机器人，来达到阐明人所具有的存在感的目的。"也就是说，通过开发像人一样的机器人，来解释清楚什么是人、人的存在是怎样的、人的存在感可否传达到远方等疑问。

（2）Otonanoid和Kodomonoid

在位于东京台场的日本科学未来馆里，展示了Otonanoid（图5-35）和Kodomonoid（图5-36）。Otonanoid具有成人女性的外观和表情，全身拥有40个自由度，支持根据远程操作和声音合成的自主性动作（日本科学未馆工作日15：00以后可以体验远程操作）。Kodomonoid的外表是儿

---

❶ Geminoid是ART的注册商标。——译者注

童的形态，全身拥有30个自由度，能自主做出模仿新闻主播的动作，在日本科学未来馆的展示中用合成声音播报科学新闻等。

图5-33　2012年高岛屋公开的人形机器人Geminoid F（通称"南"）（照片由株式会社国际电气通信基础技术研究所石黑浩特别研究所提供）

图5-34　石黑浩教授和Geminoid HI-4的合影（照片由株式会社国际电气通信基础技术研究所石黑浩特别研究所提供）

图5-35　在日本科学未来馆中可以看到机器人Otonanoid（照片所示的是活动当时的情景，照片由株式会社国际电气通信基础技术研究所石黑浩特别研究所提供）

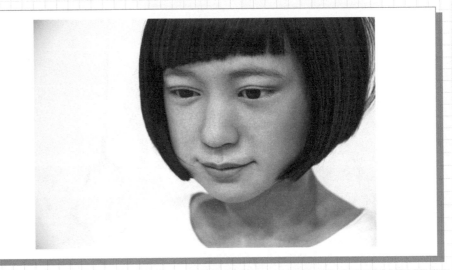

图5-36　机器人Kodomonoid（日本科学未来馆的展示已结束，照片由株式会社国际电气通信基础技术研究所石黑浩特别研究所提供）

5.10　机械人Alter

2016年夏天，大阪大学石黑研究室和东京大学池上研究室在日本科学未来馆共同做了一项尝试，于2016年7月30日至8月6日展出了身高约140cm（造型只有上半身）、体重约80kg、依靠安装在体内的42台气压伺服马达来驱动的机械人Alter（图5-37），主要验证了来馆人员看到Alter后有什么感受、Alter将来如何变化两个问题。Alter是为了搞清楚下列三个问题而开发的。

- 是什么让人感觉到事物有生命？
- 机械人会比人或其他机器人更让人感受到它生命的鲜活吗？
- 如果感觉到机器有生命，观察方会有什么反应？

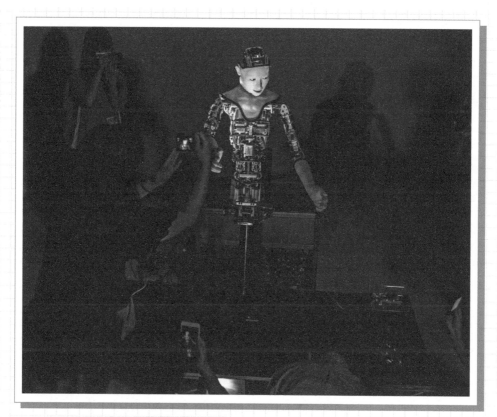

图5-37　在日本科学未来馆召开的发布会上，人们围住的机械人Alter

　　Alter不是和Geminoid那样与人长得一模一样，而是只有上半身，而且只有脸和脖子以及从肘关节到手臂前端的部分覆盖了人造皮肤，其他部分都是机械裸露在外（图5-38）。脸和手臂以外裸露的是纯粹的机械，但赋予其动作和发声的时候（图5-39），能让人感受到机械人有生命吗？再者，若让它发出的声音和动作同步，能让人感受到机械人有生命吗？研究人员围绕这样两个问题进行了尝试活动。若说是什么东西决定动作的话，作为机械人的"大脑"，使用了CPG（central pattern generator，中枢模式发生器）和神经网络。虽然这么说，但是动作不是预先编程控制的，而是由CPG和神经网络进行动态控制的（图5-40），所以开发人员都不知道Alter会如何动作、表现出什么样子。这项研究归根到底还是由"生命是什么？""什么东西让人感受到有生命？"这样的疑问而引发的，要通过探究机器人的感觉来摸索"人是什么？"这一课题的研究方法。

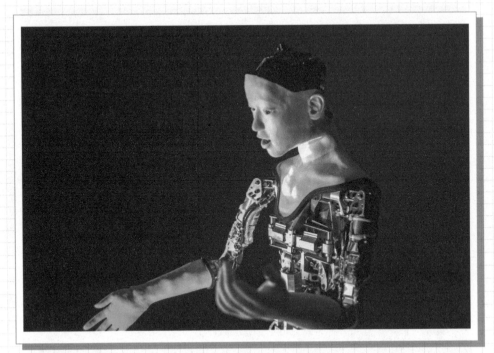

图5-38 Alter
　　Alter是脸和手臂的一部分覆盖了人造皮肤，而其他部分是赤裸裸的机械。从Alter脸部并不能感觉出其性别和年龄

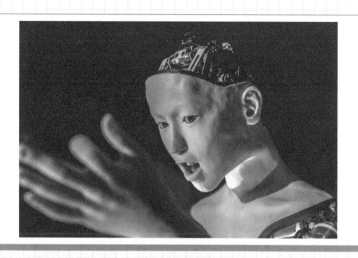

图 5-39 Alter 不断地重复着扭动脖子、蠕动嘴巴、舞动着手臂的动作，从背景音乐中传来就像是在海底发出来的声音……结果发现，那竟然是 Alter 的歌声

图 5-40 设置在 Alter 周围发着红光的是距离传感器，根据周围人数、与人的距离和光传感器接收到的信息改变采样率本身，从而表现出动作的变化

5.11 "恐怖谷"

看到和人一模一样的Humanoid的时候，应该有人会感觉到恐怖吧，这可以说是很自然的一种感觉。在对机器人和人的外形相似度的追求过程中，中间会迎来一个称为"恐怖谷"（uncanny valley）的阶段，这一阶段机器人会令人感到毛骨悚然，随着机器人外观更加接近人类，才会让人感觉到"终于达到了和人一模一样的设计"的美感。这种恐怖谷理论是1970年由东京工业大学名誉教授森政弘提出来的。机器人在机械设计方面越接近于人，人们对它的好感程度就越会上升；但是，在达到与人完全相同设计之前的某个时间点，好感程度会急剧下降，会有一个阶段让人感到不舒服甚至产生厌恶感，和"太像了反而可怕"的这种情感很相似。过了这个低谷期，随着机器人外观和人更接近，当相似度达到"基本上和人一样"时，机器人给人的好感程度再次急剧上升。将人对机器人的好感程度变化制作成图表，如图5-41所示，好感程度在达到"与人完全相同"之前形成了一个大的"山谷"，因此将其命名为"恐怖谷"。设计人形机器人的时候，需要充分考虑这个。外观和动作稍微接近人的Android会让人产生好感，但是太像的话，可能会陷入"恐怖谷"，反而导致让人产生厌恶。石黑浩教授的挑战或许就在于他总在面对这个"恐怖谷"，研究何时如何能跳出这个"恐怖谷"（图5-42，图5-43）。使用计算机绘制图形（computer graphics，CG）的电影和动画也会发生上述现象。据说在描画人的时候，为了不让其陷入"恐怖谷"，有时也会特意做出抑制真实感的特征设计。

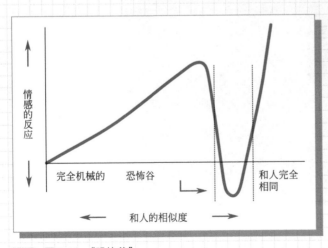

图5-41 "恐怖谷"

图5-42 石黑浩教授和京都大学研究生院情报学研究科的河原达也教授开发的自主对话型机器人 "ERICA"
可以感觉到和人一模一样的部分里面特意加入了人造设计的成分（照片由株式会社国际电气通信基础技术研究所石黑浩特别研究所提供）

图5-43 ERICA的脸使用计算机图形有意地设计成了日本人和欧美人混血儿的脸
脸左右对称，鼻子和嘴巴、下巴排成一条直线，脸部线条特意设计成像动漫人物那样，年龄设定为23岁（照片由株式会社国际电气通信基础技术研究所石黑浩特别研究所提供）

5.12　奇怪的宾馆及机器人王国

　　在日本长崎县佐世保市有一个主题公园——豪斯登堡，豪斯登堡里面有一家"奇怪的宾馆"，人们在"奇怪的宾馆"里可以得到许多新体验，因此，它得到了人们的广泛关注。

　　"奇怪的宾馆"是一家积极引进先进技术、追求欢乐和舒适的机器人宾馆（图5-44）。它利用机器人的原因是低成本、利用再生能源等。

　　图5-44　2015年7月开业的"奇怪的宾馆"的接待机器人

前面是负责大堂清扫的机器人吸尘器Roomba 980。前台业务、行李搬运、接待、割草、打扫卫生等，各种工作都由机器人负责

　　在前台，展示了许多目前市售的机器人，办理入住手续的就是3台机器人，分别是桌面机器人"NAO"、和人类女性一模一样的仿人机器人、戴着帽子和蝴蝶领花的恐龙机器人（图5-45）。

图5-45　客户在恐龙机器人的帮助下办理入住手续
在这里如果在人脸认证系统中登录过，只要在宾馆入口处设置的摄像头前"露露脸"就可以进入自己的房间

　　行李寄存处由机器臂接待，帮客人把行李运送到房间的"搬运工"也是机器人，宾馆里还有机器人吸尘器Roomba和剪草机器人。每个房间都配备有桌面机器人"郁金香小姐"，可以帮助客人开关电灯、播报天气预报等。

　　第二家"奇怪的宾馆"在千叶县浦安市的舞浜地区，同等规模的宾馆通常需要约20个工作人员，然而，通过使用机器人等，该店将工作人员控制在6个人左右。

　　2016年夏天，在豪斯登堡里又开张了一家以机器人作为工作人员的

"奇怪的餐馆"，也开放了提供了各种方法供游客体验机器人的主题公园
"机器人王国"等，获得人们的一致好评。

5.13　满是Pepper的手机商店

2016年3月28日，制造商在东京表参道作了一次尝试：机器人接待
客人的手机商店（满是Pepper的手机商店）限期（到4月3日为止）开放
了。商店入口处放置了3台Pepper，用来招揽顾客、介绍商品和推荐商
品、接待客人及听取客人意见。工作人员在店铺内的隐蔽地方确认Pepper
的动作、店内的状况，虽然说有工作人员在店内守候以应对和回答客户复
杂的问题，但他们并不常驻在店里。

以下依次说明从招揽客人、接待客人开始到最后商品交接的流程。

在店门口，Pepper用轻快的语调高声地喊道："店内的女性客人很多，
现在是男士的机会哦。"招揽着路过的客人。进入店内，摄像头会自动分析
客人的年龄和性别（图5-46）。因此，Pepper说店内的女性客人多并不
是为了招揽客户说的俏皮话，而是店里女性客人真的多。店内的Pepper
会根据客人的年龄和性别，向他/她推荐人气高的商品。Pepper将推荐的
商品的一览表和其详细信息在Pepper旁边设置的大型显示屏上显示出来。
Pepper和大型显示器联动进行商品介绍，接收在线预约和在线关注的系统
使用了软银机器人技术公司和微软共同发布的"未来货架"（暂定名）系统
（图5-47）。Pepper通过网络和真正的云平台"微软Azure"进行连接。
与客户进行交互的终端是使用了大画面显示器进行说明的机器人，但在其
后台有微软面向商务提供的真正的云平台在支撑，是由微软云平台在迅速
提供商品推荐和销售管理的服务。

图5-46 Pepper在店里招揽客户，来客满面笑容
最里面的显示器上用数字形式显示了对客户年龄和性别的分析结果

图5-47 Pepper和大型显示器Surface Hub联动，根据客户回答的年龄、性别、其他提问内容来推荐最适合商品的"未来货架"

在这个店铺中可以购买并能取到的商品实际上只有iPhone 6S（16G）这一种。来店的客人如果想要购买该商品，在一楼向Pepper下订单，Pepper会简单地听取客人的要求，然后通过Pepper旁边的小型打印机打印确认单。客户拿着确认单上二楼，和负责签约的Pepper进行一对一购买签约申请（图5-48）。

图5-48　负责签约手续的Pepper
使用桌面上的平板电脑进行文字输入，用旁边的扫描仪读取证明书之类的文件，用打印机打印合同等。红色按钮是在需要工作人员时使用的

签约申请完毕后，申请签约的内容确认和审核工作是由后台的工作人员来完成的，后台工作人员确认审核期间，客户可以上到三楼的休息室等待，为消磨时光，此时会有多台Pepper合作向客户展示舞蹈。

审核结束后客户会收到联络信息，此时客户再次回到二楼。将确认单交给Pepper验看之后，KUKA制造的机器臂会将装有商品的小袋子从货架上取出来交给客户（图5-49）。

图5-49 商品交接角
工作人员把商品摆放在架子上，Pepper读验确认单，机器臂将要交接给客户的商品从架子上取出来进行交接

　　这里也有两个关键点需要说明。第一点是擅长对话的对话机器人负责说话，擅长准确处理业务的机器臂负责取出商品。对话机器人不会抓取东西也不会进行拖拽动作，而机器臂又不擅长对话和与人接触。

　　第二点就是完全不同的机器人合作进行一项工作，也就是"机器人的联动"。机器人各有专长，通过相互取长补短，共同完成一项工作。单个Pepper不能完成但通过和其他机器人进行联合能够完成的工作则有很多。

　　实际上，现在机器人的接待能力还是不够的。店铺还不可能真正做到无人，而且，我不认为机器人有比人类工作人员能卖出更多商品的口才。也就是说，作为常设店铺只靠机器人来运营还是不太现实的。

　　但是，这个满是Pepper的手机商店是世界上第一家使用机器人进行客户接待的手机商店，这件事情的意义不仅仅在于事件本身，还在于它是对未来可能性进行的一次尝试和演示，从这个方面来讲它是非常有意义的。现在机器人的能力还远远不够，但是为了实现这样的商店，还有什么技术不够？还需要什么？今后应该如何开发？这些问题通过这次尝试找到了方向和道路。

　　另外，机器人相互之间的联动以及人与机器人的互动应该是今后社会最重要的课题之一。

第 **6** 章

机器人和人工智能的结合

6.1 AI语音助手

Amazon Echo在海外大受欢迎。根据报道，2016年年末其累计销售突破了650万台。

Echo商品分类按照惯例属于扬声器。Echo外形呈筒状，但不能说是很帅的一种设计，与传统的扬声器差异很大的地方在于它是能识别人的声音、理解对话内容、回答问题的人工智能扬声器（图6-1）。

图6-1 Amazon Echo的外观
它是可以作为扬声器使用、能回答用户用声音提出的问题的人工智能扬声器

称其为扬声器显得过于文绉绉，最近有人认为应该称为"AI语音助手"等。如果向"AI语音助手"提问"机器人是什么？"，说不定它会回应你说："机器人是代替人而自主进行一定工作的装置。"

或许有人会这样想："如果只是针对问题进行回答的话，智能手机不是已经能做到了吗？"但是，许多搭载在智能手机上的语音助理针对"机器人是什么？"这样的问题，它的处理是用语音告诉用户"找到了机器人的信息"等，并在手机画面上显示相关的网页。也就是说，智能手机的语音助理只不过是把从画面键盘上输入文字变为从声音转换输入而已（但这本身也是一项很好的技术）。

虽然可能只能感受到一点点的不同，但是实际技术上的差异是很大的，在是否能产生智能行为这一点上，"AI语音助手"和智能手机的"语音助理"有很大的差异。

为了使来自Echo筒形身体的任何一个方向的说话声音都不会漏听，做到360°全方位收集声音，Echo上安装了7个传声器（图6-2）。高音扬声器和低音扬声器纵向配置，确保了足够的空间，虽然这种筒形设计看起来是很没有"生命感"的一种设计，但是有其合理的理由。

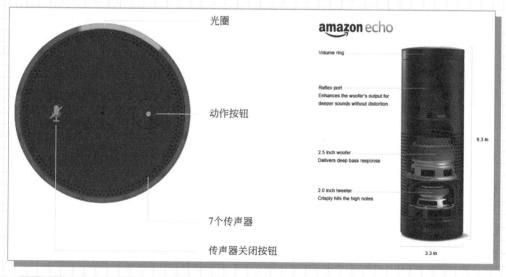

图6-2 Amazon Echo的构造
外观上比较显眼的只有通过目视可以确认Echo是否动作的LED，为了360°全方位地获取声音，产品的顶部内藏了7个传声器（Amazon Echo https://www.amazon.com/Amazon-Echo-Bluetooth-Speaker-with-WiFi-Alexa/dp/B00X4WHP5E）

　　Echo中的人工智能称为Alexa，是互联网云端的服务。对话前只要说出"Alexa"就可以启用"AI语音助手"，开始听取声音。"AI语音助手"的反应速度也是非常惊人的，针对提出的问题很快就能回答出来。当然，如果Alexa的回答是"不知道"的话也能很快回答（图6-3）。

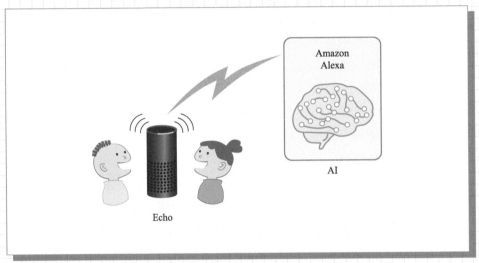

　　图6-3　用户可以通过Echo向Alexa提问题或请求办理事情

　　再次整理做如下说明。

　　Echo是一种扬声器，亚马逊开发了名为Alexa的"AI语音助手"，与Echo连接起来。用户通过Echo，和人工智能Alexa对话、提问题或请求播放音乐、新闻和天气预报，也可以咨询菜谱。当然，在亚马逊上买东西也可以。智能家居对应的照明设备、空调、窗帘、电视等各种家用电器都可以通过Echo用语音来控制，也可以让Echo为你读你最喜欢的书。

　　经过多年秘密开发，亚马逊发布了"Amazon AI平台"，于2016年12月发布了功能和Alexa一样，但是可以供其他公司集成到自己系统中去进行开发的Lex。

　　今后，除了亚马逊外，和Alexa联动、具有能对话或能回答问题的各种各样的产品可能会大量涌现出来。2017年1月在美国拉斯维加斯举行的2017年国际消费类电子产品展览会（International Consumer Electronics Show 2017，CES 2017）上，福特汽车公司发布了在汽车

的车载信息系统里搭载Alexa，华为公司发布了在智能手机里搭载Alexa，
还有许多搭载Alexa的冰箱、电视、音响等家用电器也被展示出来。

6.2　和机器人的对话

在本章开头，为什么谈到"AI语音助手"呢？因为"AI语音助手"和
对话机器人的使用方法很相近，这样比较容易理解对话机器人必要技术中
的一部分。如6.1节介绍的那样，AI是在云端，用户通过带传声器的扬声
器即终端和AI进行对话。这个终端在网络业界称为边缘。边缘是用户和
网络的边界，对用户来说是非常重要。但是，从人工智能一端来看，即从
云端的视点来看，边缘的种类并不是那么重要。也就是说，边缘是扬声器
也好，是设置于汽车仪表盘周围的传声器也好，无论是智能手机还是机器
人，什么样的形式都可以，只要便于通过网络和AI对话，什么设备都可以
（图6-4）。

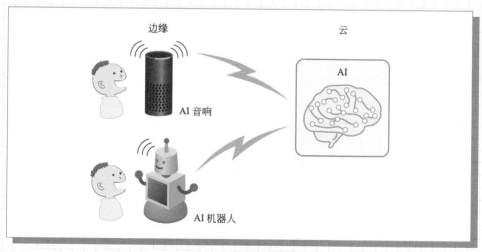

图6-4　边缘是扬声器也可以，是机器人也可以
作为语音助手的机器人的最重要的功能是理解人说的话，针对人的问题能够认真知性
地回答（即使是杂谈也能胜任）

　　有人认为机器人是智能手机的延伸，这种观点有其正确的地方，也有错误的地方。正确的是摄像头、传声器、传感器等机器人的很多技术和智能手机是共通的。

　　错误的是，机器人是听声音然后用说话进行应答，本来可以采用像智能手机那样用"请阅读画面内容"这样的应答方法进行应答，但这种应答方法是不对的。因为机器人是以代替人为目标的装置，所以考虑问题的时候总应该以"如果是人在应对的话"作为前提进行考虑。如果应答只是"请读这个资料"的话，即使对方是人也会生气。而且如果资料没有"击中要害"，或者资料本身就很难阅读的话，机器人本身就会判断其"没用"。使用画面和资料时，将图表和数字显示在那里，对内容的说明本身应该由机器人来进行。擅长说明的人一定会这样做的。

　　因此，与机器人的对话不应该使用智能手机的"语音助理"，而应该使用"AI语音助手"（图6-5、图6-6）。

图6-5　针对提问内容如果机器人采用和智能手机的语音检索同样的方式处理的话，那么就无法感受机器人的智慧和方便（当问"东京挑战者是什么"时显示东京挑战者的主页）

图6-6　针对提问内容，回答得像专家那样能够让人感到机器人的智慧

但是，在技术上实现不是那么简单的。AI人工智能相关技术可使得这些成为可能，"AI语音助手"的大受欢迎或许正是因为看到了光明未来的结果吧。

6.3 看、感知、对话的能力及AI相关技术

从机器人的开发方面来看，作为边缘的机器人绝不会和筒形扬声器一样。脸上有表情的机器人会让人觉得可爱，机器人歪着头可以表达"我不知道"的意思，如果机器人有手和脚，可以跳舞，也可以用身体的任何部位来表达一定的情感。如果可以移动的话，机器人可以跟随用户，或许还可以为用户带来些什么。

这不是哪种机器人所特有的能力，而是作为对话机器人通用的重要能力，有"看""感知"和"对话"三项。

（1）看（摄像头功能）

因为很多机器人都有摄像头，所以可以掌握机器人周围哪里有几个人。一旦有声响，机器人就朝着声音的方向寻找。如果有脸部认证功能，可以判断那个人是谁，可以和那个人聊一些符合他个人兴趣爱好的话题。

看家的时候家里出现了活动的物体时，机器人检知并判断它是什么东西，如果判断是异常情况的话，就用登记过的联系方式向联系人发出通知。

（2）感知（传感器）

正如"第3章 机器人的基础技术"中所介绍的那样，机器人上搭载了种类繁多的传感器。例如，从传感器得到的信息中，温度、湿度、时间、身体的平衡、亮度等表示机器人周围或机器人本身状态的东西非常多。这些信息会成为机器人的头脑中作判断的基准，也可能会成为预测今后会发生什么事情的信息。

温度是32℃ → 今天很热

周围很暗 → 打开照明灯吗？

自己翻倒了 → 释放所有的伺服电动机的力量防撞击（回避故障）

人靠过来了　→ 稍微速度慢些以避免和人相撞

等等。

（3）对话（传声器）

机器人以对话为中心与人进行沟通交流。在这个基础上听取声音，识别语言，把握话语的意思和意图，对于沟通交流来说是非常重要的。

为了得到这三个要素的信息，对一般的机器人来说通常都应具备的代表性数据输入装置是关键所在，在这些数据输入装置的所有处理过程中"识别""分析""判断"是很重要的。而且这3个能力是可以通过AI相关技术特别是使用了基于深度学习等的机器学习来提高精度的（图6-7）。

A 谁在
B 在找什么
C 不是家里人
D 奇怪的人

有紧急性

图6-7　A"谁在"由机器人自身通过人感传感器来检知，B～D的"在找什么"的识别、"那是谁"的识别和"是否够紧急"的判断如果使用AI相关技术则精度大大提高

因此在机器人技术中，人工智能相关技术非常重要，是机器人技术后续进展的关键所在。

【机器人的功能】

（1）看（图像）

图像识别、辨认、检知、判断。

（2）感知（传感器）

状态/状况识别、分析、预测。

（3）对话（传声器/扬声器）

语音识别、对话分析、对话意图理解、回答的检索、最适回答的判断、回答内容的发声。

6.4 通用型人工智能和特殊型人工智能

机器人的功能随着人工智能相关技术的发展有可能得到飞跃性的提高。那么，人工智能到底是什么呢？还有，人工智能相关技术是指什么呢？

人工智能的英语是artificial intelligence，简称为AI。这个词汇最早出现在1956年，是在达特茅斯会议上作为一个学术研究领域被提出并讨论的，从那时起，人们一直在研究它。

在电影、动画、小说等虚构（SF，science fiction）的世界中，AI也频繁登场。故事中登场的AI很多都有超越人类的学识，对任何问题都能做出回答，有时会给人预测和建议，有时也被描绘成无所不知的计算机，与人形机器人一起混入人类社会。

对被问的任何问题都能做出应答，能预测和给出建议的人工智能称为通用人工智能或AGI（artificial general intelligence）。对很多研究者来说AGI的研发是他们的目标。现在AGI还不存在，很多人都认为要实现AGI还有很长的路要走。

另一方面，人们经常可以看到如"人工智能引入教育中""人工智能作曲"等的新闻标题，看起来让人容易产生一种错觉，就好像搭载了通用人工智能的机器人已经存在了，其实不是这样的。

现在，成为话题的AI指的是称为深度学习的机器学习手法和实践的系统。

机器学习，顾名思义就是让机器学习事物的过程，在这个领域引入了模仿人类大脑的神经网络技术，这是一个崭新的事物。

普通的计算机是由程序员使用开发语言通过编写程序代码来开发的，而使用神经网络的计算机，就像人类学习、积累经验一样，采用了人类学习各种事物的方法来进行开发。因此，仅仅具有"认识""分析""判断""预测"这些人类比计算机更优秀的能力的一部分，计算机的能力也能大大飞跃。在新闻中说到的"AI"，其采用的技术就是利用了神经网络的机器学习等。对于只应用于某些特殊领域或某种特殊能力的AI技术，应称为特殊型人工智能（特殊型AI）。

图6-8　电影、小说等中登场的人工智能机器人是这样回答人的问题以及和人商量事情的，但是要实现这个场景还有很长很长的路要走（Amazon Echo一定程度上接近了这种场景，但能回答的问题还是很有限的）

以图6-8中的机器人为例，机器人正确地理解了和用户对话的意思，识别电视画面上看到的人物是谁，通过推测用户所想要的附属信息，为用户宣读那个人物的经历，这样就能感觉到机器人的知性了吧。而且，不仅仅是电影演员，如果能在体育界、音乐家、作家等各种各样的类型和领域中回答用户的问题，那么可以说机器人在该领域是超越了一般人的了。

这种计算机的学习方法是机器学习和基于神经网络的深度学习。为了能更进一步了解这样的计算机，下面我们来介绍神经网络和深度学习。

6.5　神经网络和深度学习

神经网络，是模仿人类大脑的神经网络的原理和结构的数学模型（学习模型）。

（1）神经网络成为话题的重大事件

话题的开端是DeepMind公司。在以前的计算机系统中导入神经网络这样令人吃惊的事件作为新闻报道出来，使得"神经网络"一词一下子跃居为重要的关键词。

（2）自动学习游戏的规则和攻略取得进步的DQN

2015年，《自然》杂志电子版上发表了一则报道说，利用DeepMind公司为玩视频游戏（TV游戏）开发的搭载了神经网络的人工智能DQN，不用教其游戏规则，它就可以通过自动学习游戏玩法、理解游戏规则、找到游戏攻略等，取得超过人类高级玩家的分数。DQN能自动玩Atari 2600游戏机中的49款游戏。

（3）Alpha Go战胜人类围棋高手

2016年3月，世界著名围棋选手韩国李世石和DeepMind公司开发的电脑Alpha Go进行围棋人机大战，颠覆了大部分人的预测，Alpha Go取得胜利。

（4）使用深度学习来学习猫的特征向量

人类的大脑是通过突触将庞大数量的脑细胞（神经元）连接起来进行记忆、学习、计算和预测等的，最直截了当的例子就是识别猫。

在以前的计算机中，区别一个事物是猫的基准（例如，耳朵是三角形的、胡子是长的等）要通过程序员来设定。但是，像用语言来描述猫的辨别方法是很困难的一样，用编程来描述辨别方法也是很难的，而且非常费时间，即使这样识别的精度仍然不是很高。

如果是人的话，怎么样来学习"猫的辨别方法"呢？一定是这样的：如果身边有猫的话，人会仔细观察它，或者看很多关于猫的照片和插图，通过这种方式来学习猫。

神经网络是模仿人类大脑的数学模型，它就像人那样地去学习，也就是说，通过看大量的照片或图像来学习，这是通过神经网络进行机器学习的方法（图6-9）。

在神经网络中，"深度学习"是一种增加神经元数量并更深入地思考和学习的方法。

要将猫的图像进行分类，先要将图像进行细致分割，在分析的基础上推导得出猫的特征向量（因为是数学模型，实际上特征向量是称为向量数据的数值）。如果能抽取出猫的特征向量，就可以判断和这个特征向量相符的图像就是猫的图像了。

图6-9 识别狗和猫

识别狗和猫的问题，让人回答的话非常简单，但是让计算机来判断的话，编程非常复杂，很难解决，为此神经网络应运而生

在这个例子中，提取识别猫的特征向量需要数量庞大的图像数据，这就是"大数据"。

此外，还需要高速运算处理的计算机。深度学习需要进行详细分析，为此需要进行并行运算，并且需要处理数量庞大的大数据，这样的处理非常费时，通常的计算机需要几天、几周，甚至几个月。

6.6　GPU和搭载机器人用的AI计算机主板

　　6.5节中我们介绍了，对庞大的大数据进行深度计算的机器学习时，有可能需要花费数周的时间，在这种情况下，如果没有超级计算机，深度学习根本没有办法进行。

　　一般来说，这些系统不是学习一次就结束了，而是需要不断持续地进行学习（图6-10）。

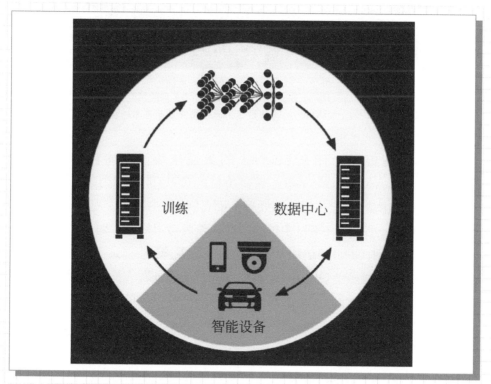

图6-10　机器学习是通过持续的大数据积累、训练和调优、深度学习的重复来不断提高性能的（来自NVIDIA的演讲资料）

　　针对这种情况，出现了大幅缩短运算时间的"救世主"，那就是GPU技术。GPU（griphics processing unit）以绘图板中使用的图形芯片而闻名，由于处理深度学习所需的并行计算（矩阵运算）和图形处理的技术是一样的，GPU及其制造者英伟达（NVIDIA）公司一举成名（图6-11）。

图6-11　NVIDIA GPU板TESLA P4和TESLA P40（来自NVIDIA的演讲资料）
在NVIDIA GPU板上NVIDIA公司提供了简单使用深度学习库的框架

　　CPU性能经常会用核（core）的数量来表达，如称双核（dual core）、4核（quad core）等，有多个核的CPU环境称为多核。多核可实现多个内核同时进行并行计算处理，而GPU是由数千个相当于CPU核的东西构成的，仅仅从GPU中核的数量来看就可以知道，对于并行计算处理来讲，GPU和CPU在结构上有非常大的的差异。

　　通过构筑搭载多个GPU的计算机系统，使得开发人员能够相对廉价地构建一台和搭载高性能CPU的超级计算机处理并行计算相比毫不逊色的深度学习计算机。正因如此，NVIDIA公司从图形计算公司中脱离，瞄准AI计算公司的目标在不断发展。

　　深度计算也应用到自动驾驶车和机器人中。对于想在自动驾驶和机器人中使用神经网络的开发人员，NVIDIA公司打算用板型计算机来满足他们的需求。

　　NVIDIA公司发布了用于自动驾驶车辆的AI车载电脑NVIDIA DRIVER PX 2（图6-12），正在推进用同一架构来可分级地提供从自动巡航到完全自动驾驶功能的工作（图6-13）。特斯拉汽车公司已声明采用NVIDIA DRIVER PX 2来推进实现完全自动驾驶功能的开发工作。

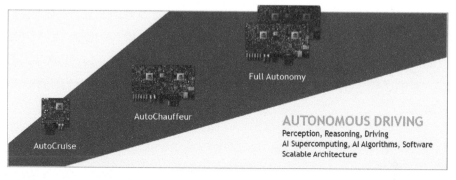

图6-12 NVIDIA DRIVE PX2（来自NVIDIA的演讲资料）
从自动巡航到完全自动驾驶按级别可分为3种

图6-13 自动驾驶的开发和测试中使用的NVIDIA的自动驾驶车BB8（代号名）（来自
NVIDIA的演讲资料）

　　而且，NVIDIA公司开发了自动驾驶用的操作系统DRIVEWORKS，主要面向制造生产轿车、卡车、航天飞机等的无人AI交通装置的制造商和地方公共事业团体等提供服务。

　　NVIDIA公司针对机器人、无人机、自动吸尘器等自主动作的相对小型的机器，还发布了嵌入式的搭载了AI功能的计算机板NVIDIA JETSON。NVIDIA JETSON TX1是信用卡大小的、搭载了256核（NVIDIA CUDA核）、提供了单个机器人就能处理深度学习等并行计算环境的计算机板（图6-14）。

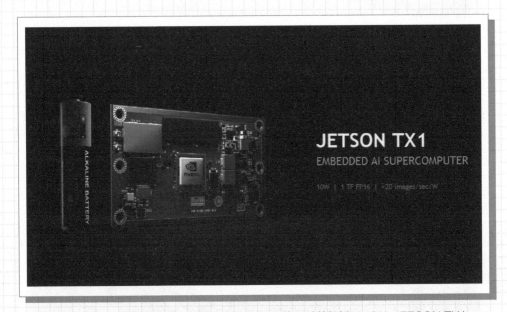

图6-14　作为机器人等嵌入用的，搭载了GPU的AI计算机板NVIDIA JETSON TX1，其宽度与五号电池高度相仿（来自NVIDIA的演讲资料）

　　NVIDIA JETSON系列已经在丰田汽车的机器人HSR（图6-15）和CYBERDYNE公司制造的业务用自动吸尘器（清扫机器人）和搬运机器人（图6-16）等中得到了验证和实际使用。

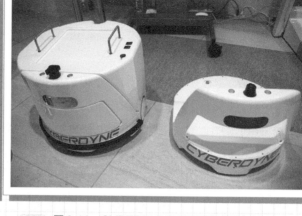

图 6-15　丰田汽车开发的正在进行实地验证试验的 HSR

其中搭载了 NVIDIA JETSON，采用深度神经网络进行学习、判断，从而分析拍摄的图片和周围状况

图 6-16　CYBERDYNE 公司开发的清扫机器人（左）和搬运机器人（右）

NVIDIA JETSON 在其中支持机器人自主步行

6.7　经验和报酬

　　基于庞大的大数据进行深度学习的机器学习过程就是不断地积累经验的过程，原来这些经验都是通过工程师编写详细的程序代码来设定的，因此这个过程也是将那些工程师从辛苦编写程序代码的工作中解放出来、提高开发效率的过程。

　　如果要把机器学习运用到日常学习中，那么它和通过"熟能生巧""体会"来理解的学习方法有点相似：用训练的方式，从反复试验开始，首先实现最近的目标，然后再追求下一个层次的目标，如此循环，从而不断提高水平。

　　在人类学习的过程中，有些东西是不能用书本来记载的。例如，学习骑自行车、转动陀螺等必要的技能，即使理解了书本上写的内容，也不一定能很好地做到这些事情。倒不如试着做一次，当你掌握了它的诀窍时，你就会骑自行车或能够转动陀螺了。

像这样和人类一样，通过失败和成功过程的不断重复，从反复试验开始的学习方法称为强化学习。

这时必须要让机器知道什么是"成功"，如果不知道什么是成功就没有办法学习，这种成功称为报酬或者得分。成功的时候，例如在对局中获胜的时候得到报酬，在越短的时间中获胜得到报酬越多，AI计算机为了尽量在短的时间里获胜，会自主地学习短时间获胜的方法。

用骑自行车的例子来说明，如果在不跌倒的情况下能骑1m可以得到报酬，那么能骑5m就能得到好的报酬（高分），能骑10m就能得到更高的分数。这样长时间不摔倒地维持平衡，骑得越远得到的分数越高，计算机就会不断地以追求高分为目的地重复学习，学习自主成功的方法。这个过程和人类通过经验来体会某种事物的过程很相似（图6-17）。

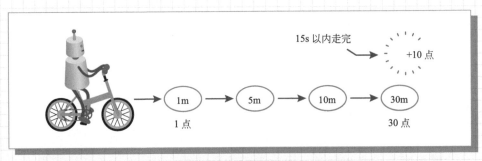

图6-17 机器人通过自行车骑行距离来获得积分报酬。另外，走得顺利、节省时间也能得到相应的报酬，机器人会为获得更多的报酬而学习

在机器人开发领域，实际上这个技术非常重要。机器人通过传感器来判断自己和周围的情况，从而进行下一个动作。假设想要开发机器人骑自行车的系统，以前需要工程师编写根据传感器的信息来细致地控制机器人姿势的周密的代码。编写根据来自传感器的信息控制机器人姿势从而维持机器人平衡的程序代码是非常困难的工作，但如果通过基于深度学习的机器学习来实现，就可以将工程师从繁重的编程工作中解放出来（图6-18）。

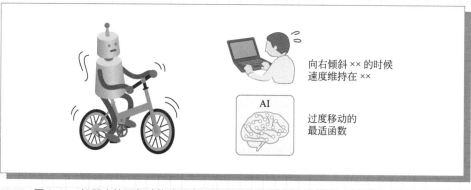

向右倾斜××的时候
速度维持在××

AI

过度移动的
最适函数

图6-18 机器人使用各种传感器来保持自行车的平衡
为了自动维持平衡，以前需要工程师详细地编写程序代码、开发姿势控制的软件来实现。
通过导入AI相关技术，姿势控制的算法在某种程度上可以自动化

也有人说，这样的机器学习的最大优点是减少了工程师的工作量。实际上，技术人员通过编码来进行详细设定还是要花费大量时间的，而通过获取来自传感器信息的计算机如能自动控制机器人最佳姿势的话，工程师的工作量应该会减少。但是，与减少工作量相比，我们更期待机器学习在至今通过程序设定做不到的精细控制、随机应变的应对能力、预测至今认为是意外的不测事态和快速克服扩展性问题等方面发挥其作用。

在机器学习中，根据用途和使用方法的不同，最适合的学习方法也不相同，所以选择能提升性能的、效果好的、效率高的学习过程是很重要的。这种学习过程的选择也是技术能力之一。

6.8 机器人和人工智能

"公元2050年，要成立能战胜足球世界冠军队的自主性机器人的球队。"令人没想到的是，这样的目标竟是机器人世界杯RoboCup提出的目标。

RoboCup第一次是1997年在日本名古屋举行。RoboCup是为了推进"机器人工程学和人工智能的融合"，以自主移动机器人踢足球为题材，由日本的研究者们发起的世界性机器人足球赛事。RoboCup在经历20年

后，于2017年再次在日本名古屋举办。

本书中介绍的"电脑鼠"比赛也是基于人工智能的自主行驶机器人的竞技比赛。机器人和人工智能的发展有着无法切断的关系。

我们期待机器人的看、说话、判断识别能力随着深度学习的发展能有飞跃性的进展。

和美国斯坦福大学开发的图像数据库"图像网"（ImageNet）相关的国际大赛"图像网大规模视觉识别挑战赛"（ILSVRC，imagenet large scale visual recognition challenge）定期召开。在物体识别（图像识别）的竞赛中，计算机围绕图片中照了什么物体竞相回答。计算机的错误概率称为错误回答率或错误率，这些错误率数值越小比赛名次就越高。在2012年ILSVRC竞赛中，多伦多大学的杰弗里·辛顿教授带领的团队"超级愿景"因错误率10%以下，超过其他参赛团队（10%以上）的成绩获得冠军而引人注目。在那之前，其他团队的最低错误率大约为26%，而"超级愿景"的最低错误率为16.4%。

这场大赛的竞争，这几年来更加白热化。2014年GoogleNet以6.7%的错误率获得冠军；2015年，微软的ResNet（Deep Residual Learning）更是完成了报名参赛的五个部门全都获得第1名的壮举，计算机的错误率达到了3.5%（图6-19）。据说人的错误率是5%左右，所以甚至有人说基于深

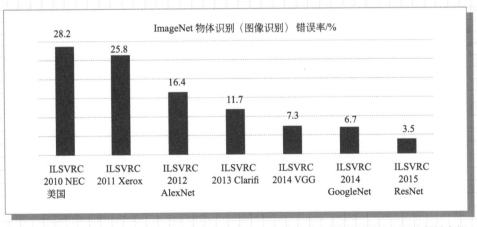

图6-19　ImageNet物体识别（图像识别）2015年比赛中，微软报名参加的5个领域全部获得了第1名，错误率创下3.5%的好成绩

度学习的图像识别技术的识别率超过了人的识别率。

在语音识别方面：2016年10月，微软获得了在语音识别单词方面错误率为5.9%的好成绩。通过使用神经网络和机器学习相结合的系统，大幅度提升了错误率最好成绩。

据说今后几年将是AI相关技术给社会带来巨大变革的时期，这也意味着机器人能力将得到飞跃性的发展。

以后，机器人和人工智能将会产生怎样的关系，非常值得我们期待！

資料合作単位

株式会社 ABEJA

株式会社 AGI

cocoroSB 株式会社

DMM.make ROBOTS

iRobot Corporation

株式会社 MJI

NVIDIA Corporation

THK 株式会社

株式会社アールテイ

あいあい耳鼻咽喉科医院

アスラテック株式会社

インテュイティブサージカル合同会社

ヴイストン株式会社

小田急電鉄株式会社

京浜急行電鉄株式会社

株式会社 国際電気通信基礎技術研究所

国際ロボット連盟

株式会社ココロ

近藤科学株式会社

サイバーダイン株式会社

シャープ株式会社

株式会社シャンティ

水道橋重工

セールス・オンデマンド株式会社

株式会社仙台放送

ソフトバンクグループ株式会社

ソフトバンクロボティクス株式会社

公益財団法人ニューテクノロジー振興財団

株式会社タカラトミー

株式会社デアゴスティーニ・ジャパン

日本科学未来館

ハイアット リージェンシー 東京

ハウステンボス株式会社

株式会社不二越

富士ソフト株式会社

双葉電子工業株式会社

フューブライト・コミュニケーションズ株式会社

株式会社ホテル小田急

株式会社みずほ銀行

株式会社三菱東京 UFJ 銀行

株式会社安川電機

ユニロボット株式会社

株式会社ロボ・ガレージ

ロボットスタート株式会社

（敬称略、五十音順）